團購爆款手工餅乾烘焙課

頂流甜點師教你用6種麵團
變化出71款精品級餅乾！

ムラヨシマサユキ／著
徐瑜芳／譯

前言

我似乎是從記憶還不怎麼清晰的幼兒時期開始，就非常喜歡餅乾了。
收藏在書架上的相本中，有一張我雙手拿著餅乾、臉頰鼓鼓的照片，
旁邊竟然有張便條紙寫著：
「3歲，喜歡吃餅乾。」
真的是很符合3歲小孩的敘述呢！
咬下餅乾的瞬間，麵粉的香氣和令人愉悅的口感瞬間充滿整個口中，
那滋味總讓我想一嘗再嘗。
即使現在已經是大人了，還是忍不住一直向餅乾伸手。

我認為在家做的餅乾之所以特別好吃，
是因為能夠吃到「剛出爐」的滋味。
做好的餅乾，風味會隨著時間逐漸流失，
因此，剛做好時的美味程度是不會輸給名店的。
我也是因為這樣，才會把喜歡的餅乾食譜集結成冊。

做餅乾並沒有想像中那麼難，很適合初次挑戰做點心的新手。
不僅材料單純，作法也只需要混合、擀平、烘烤而已。

本書會先介紹基本的6種餅乾麵團，
其中包括使用充滿香氣又濃郁的奶油製成的麵團，
以及口味清爽，想吃時能夠馬上做好的玄米油麵團。
為了讓任何人都能成功做出餅乾，每個步驟均有照片可以參考。

熟悉基本的麵團作法後，
就可以開始享受變換麵團口感的樂趣，
或是品味不同的組合搭配，繼續探索更深奧的餅乾世界。

親手做的餅乾形狀可能會有點歪，
但是看起來特別可愛，味道也特別棒哦！

ムラヨシマサユキ

contents

本書的規則

- 1大匙＝15mℓ，1小匙＝5mℓ，1杯＝200mℓ。
- 1撮為大拇指、食指、中指捏起的量。
- 烤箱溫度、烘烤時間多少會依機種而有差異，請觀察烤色調整。
- 麵團分量沒辦法一次全部放到烤盤上的話，可以先將剩餘的麵團放入冰箱中，分兩次烘烤。

PART 1
基礎餅乾

PART 2
享受口感

PART 3
組合美味

PART 4
特殊餅乾

做餅乾的重點

確實測量。

本書介紹的食譜配方，是在口味、舌尖的觸感、咬下的口感都在最佳狀態時記錄下來的。剛開始做的時候，請先不要更改配方，照著食譜做做看。為了依照食譜的配方製作，必須正確地測量材料的分量。此外，沾在矽膠刮刀、打蛋器、攪拌盆中的麵團也是材料的一部分，別忘了用手指或刮板將麵團刮下再拌回去哦！

注意奶油的溫度。

使用方式有兩大類，一種是將奶油回復至室溫再使用，另一種則是直接使用冰的奶油。奶油最初的溫度是影響口感和化口性的一大關鍵。回復至室溫＝用手指壓下時可以很順暢地戳進奶油裡。100g的奶油可以用微波爐（弱＝200～300W）加熱50～60秒，使其回溫。每次加熱10～20秒，並觀察奶油狀態，才不會加熱到太軟。

均匀攪拌麵團。

攪拌方式也是影響完成後口感的重要因素之一。在奶油中加入蛋及牛奶等含水分的材料時，充分攪拌使油脂及水分融合在一起，就能做出脆口的餅乾。拌入麵粉後，用刮刀或刮板稍微施力將麵團抹在盆上，一直攪拌到麵團變得滑順。透過這個步驟將麵團攪拌均勻，可以防止餅乾破裂及變形。水分較多的擠花餅乾（P25）及不使用奶油的玄米油餅乾（P37）會因攪拌過度而變硬，只要攪拌到沒有粉粒就可以了。

鬆弛麵團。

在盆中壓拌、充分混合的麵團，會因為麵粉中的麩質受到刺激而出筋，直接烘烤的話會烤出很硬的餅乾。麵團完成後，可以先放到烤盤或調理盤上，送進冰箱中冷藏靜置，使麵筋鬆弛。此外，製作期間若奶油過度融化而使麵團開始沾黏，在這種情況下直接烘烤也會烤出油膩的餅乾。因此，做好麵團後先別急著烤，放進冰箱中靜置一段時間吧。相反地，使用玄米油製作餅乾時，靜置反而會使麵團出油，所以做好麵團之後要盡快烘烤。

注意濕氣。

餅乾很怕濕氣。烤好的餅乾要充分冷卻，放進密封容器以避免濕氣，保存於常溫之中，這麼做也可以防止餅乾碎裂。假如可以放入乾燥劑一起保存，會更加安心。當作禮物送人時，也請盡量放入乾燥劑，讓餅乾的美味得以延續。像貴婦之吻（P90）這種使用到抹醬的餅乾，則要放進冰箱中冷藏。無論是否冷藏，都要盡量在1週內吃完哦！

PART 1

基礎餅乾

這個章節中會介紹6種基本的餅乾麵團作法，

以及它們的應用方法。

從攪拌的技巧到麵團的處理方式

都會搭配照片詳細解說，

第一次做餅乾的人就從這裡開始試試看吧！

基本的奶油餅乾

宛如餅乾界的代表，是非常純粹的餅乾。薄薄一片，看起來好像很硬，但按照這個配方做出來的餅乾，在咬下的瞬間會發現其實相當鬆脆。為了讓大家都能輕鬆享受製作過程，所以省略了一些麻煩的步驟！初次做餅乾的人，建議先試試看這款餅乾。

基本的切片餅乾

周圍滾上一圈脆脆的細砂糖，更加突顯出厚切餅乾才有的酥脆口感和濃郁風味。因為是條狀的麵團，製作時只要來回滾動就可以了，意外地簡單。需要注意的是厚度。切成相同厚度，才能烘烤均勻。

基本的奶油餅乾

170℃ 13～16分鐘

材料（直徑5cm花形模具 18～20個份）

無鹽奶油 … 60g
鹽 … 1撮
糖粉 … 40g
蛋液 … 1/2個份（25g）
A 低筋麵粉 … 120g
泡打粉 … 1撮

前置準備

・將奶油、蛋液回復至室溫。

作法

1 將奶油及鹽放入攪拌盆中，篩入糖粉，以矽膠刮刀將材料攪拌均勻。

2 分2～3次加入蛋液，每次加入時都用打蛋器攪拌混合。

＊一次加入全部的蛋液會使奶油油水分離，所以要分次加入。

3 攪拌至看不出蛋液的水分，乳化成奶油霜狀。

4 將**A**混合後，過篩加入盆中。

＊過篩後再加入可以防止粉類結塊，讓麵團均勻地混合。

5 繼續用刮刀攪拌至沒有粉粒感。

6 用將麵團壓到攪拌盆側面的方式混合，直到質地變得均勻滑順，再整理成一團。

＊沒有好好刮拌均勻的話，烘烤時餅乾就會有裂痕，或是直接破裂。要一直刮拌到麵團不會沾黏為止。

7 將麵團夾在兩片邊長30cm的方形烘焙紙中間，先用擀麵棍將麵團擀成1～2cm厚。

＊夾在烘焙紙中間可以防止擀麵團時沾黏，要移到烤盤上也很方便。烘烤時也會使用烘焙紙。

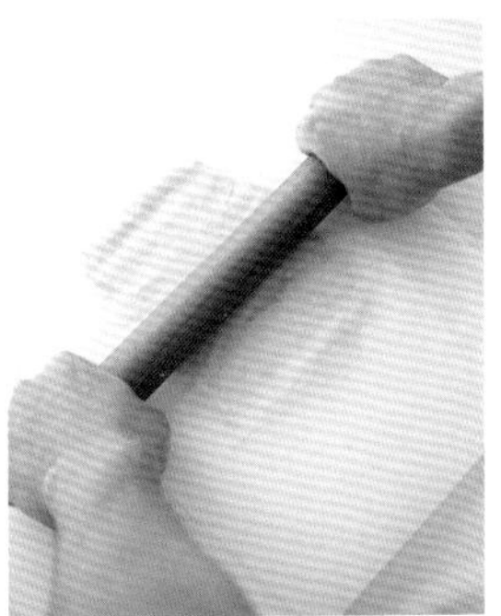

8 一邊變換麵團的方向，一邊用擀麵棍將麵團擀成3mm厚。

＊擀麵棍要從麵團的中心向外滾動，將麵團擀成均勻的厚度。在左右兩側放上輔助尺（參照P127）可以擀得更均勻。

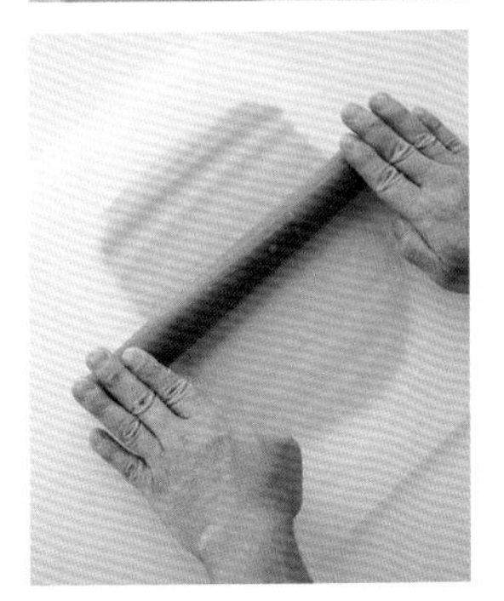

9 連同烘焙紙將麵皮放到烤盤上，放進冰箱冷藏1小時以上。

＊冷藏靜置的同時讓麵筋鬆弛（參照P9）。擀麵後冷藏靜置一段時間，可以趁麵皮還是冰涼的時候壓模定型，麵皮就不會因過軟而變形。

10 將烤箱預熱至170℃。從冰箱取出麵皮，取下上方的烘焙紙。在模具上沾一些低筋麵粉（分量外），從麵皮上方垂直壓下，壓出造型。

＊剩下的麵皮可以再次揉成團，擀平後再壓模。

11 先將壓好造型的麵團排列在鋪了烘焙紙的烤盤上，再放進烤箱中，以170℃烤13～16分鐘。

＊烤後會稍微膨脹，排列時要預留一些空間。

12 連同烤盤一起放在冷卻架上放涼。

成品
CHECK!

OK

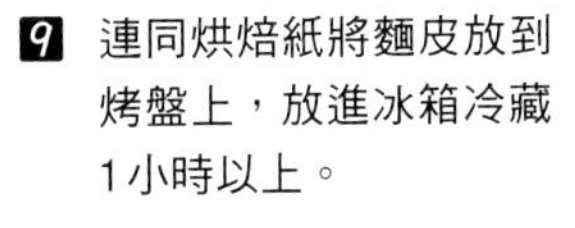

NG

[背面]

麵皮烘烤前若沒有先冷藏靜置的話，不僅會變硬，烤出來的成品也會因為扭曲，造成烤色不均勻。讓麵皮充分休息，才能烤出均勻的色澤。

基本的切片餅乾

170℃ 22～25分鐘

材料（直徑約4cm 12～14個份）

無鹽奶油 … 70g
糖粉 … 35g
蛋液 … 1/2個份（25g）
香草精（如果有的話）… 1～2滴
低筋麵粉 … 140g
細砂糖 … 適量

前置準備

・將奶油、蛋液回復至室溫。

作法

1 將奶油放入盆中，篩入糖粉，用刮刀攪拌均匀。

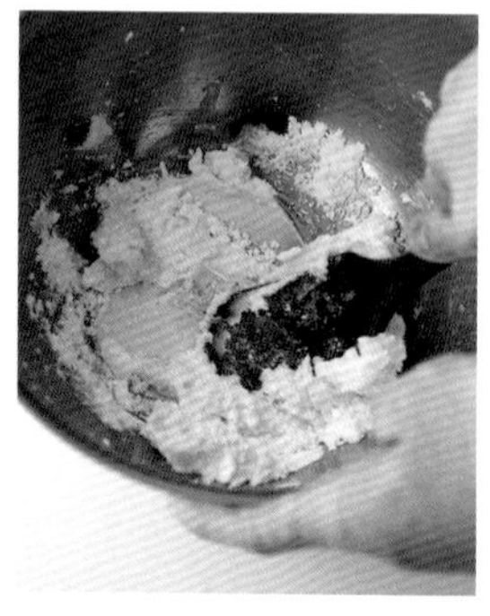

2 分2～3次加入蛋液，每次加入時都用打蛋器攪拌混合。

＊一次加入全部的蛋液會使奶油油水分離，所以要分次加入。

3 攪拌至看不出蛋液的水分，乳化成奶油霜狀。

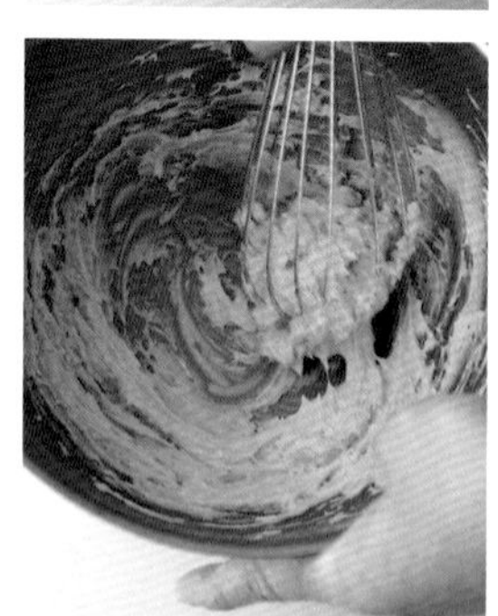

4 加入香草精，再篩入低筋麵粉。

＊過篩後再加入可以防止粉類結塊，讓麵團均匀地混合。

5 繼續用刮刀攪拌至沒有粉粒感。

6 用將麵團壓到攪拌盆側面的方式混合，直到質地變得均勻滑順，再整理成一團。

＊沒有好好刮拌均勻的話，烘烤時餅乾就會有裂痕，或是直接破裂。要一直刮拌到麵團不會沾黏為止。

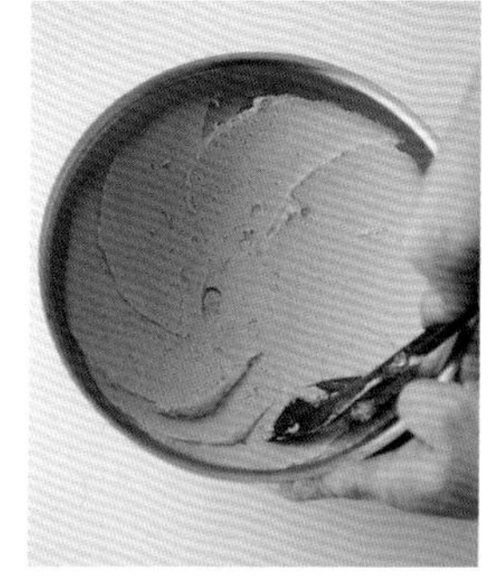

7 將麵團滾動成棒狀，用烘焙紙包裹，調整成直徑3cm，長20～22cm的圓筒狀。

＊用烘焙紙包起來，一邊拉住下方的烘焙紙，一邊用尺壓住，排出空氣之後就能滾成漂亮的圓形。

8 放進冰箱冷藏1小時以上。

＊冷藏靜置的同時讓麵筋鬆弛（參照P9）。滾成圓筒狀之後冷藏靜置一段時間，趁麵團還是冰涼的時候切片，麵團就不會因過軟而變形。

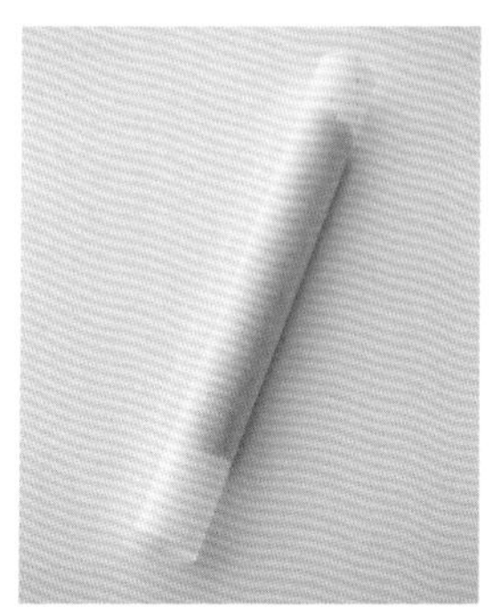

9 將烤箱預熱至170℃。用毛刷在麵團表面塗一層薄薄的水，並且將表面沾滿細砂糖。

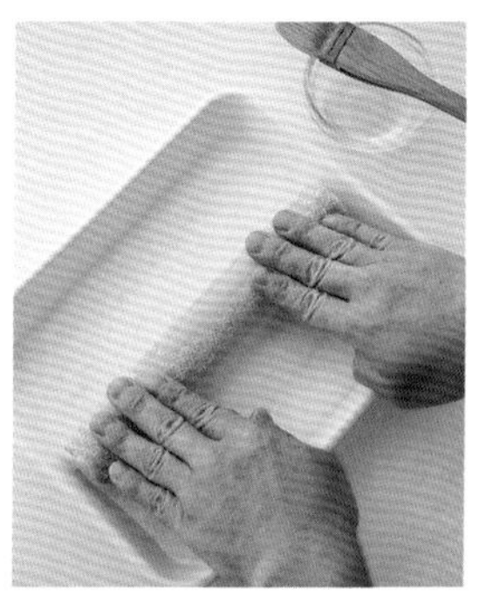

10 將麵團切成1.5cm厚的圓片。

＊盡量切成相同的厚度，烤色才會均勻。

11 排列在鋪了烘焙紙的烤盤上，放進烤箱中，以170℃烤22～25分鐘。

＊烤後會稍微膨脹，排列時要預留一些空間。如果厚度不太一樣，可以將較厚的放在烤盤內部的外側，較薄的則放在烤盤中心。

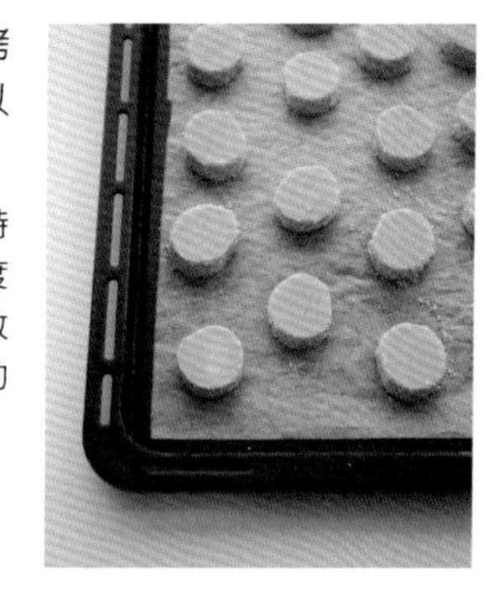

12 連同烤盤一起放在冷卻架上放涼。

成品
CHECK!

冷藏靜置的時間太短、麵筋鬆弛不夠就會出現膨脹、變形的情況。在冰箱中靜置的時間最少要1小時。

170℃ 12～15分鐘

奶油餅乾變化版

可可餅乾

好喜歡可可粉烘烤後的香氣，但是烤色好難確認呀！
我每次都是在烘烤過程中一直盯著看。

材料（5cm大三角形模具 18～20個份）

無鹽奶油 … 60g
鹽 … 1撮
糖粉 … 45g
蛋液 … 1/2個份（25g）
A 低筋麵粉 … 100g
可可粉 … 15g
泡打粉 … 1撮

前置準備

・將奶油、蛋液回復至室溫。

作法

1. 將奶油及鹽放入盆中，篩入糖粉，以刮刀攪拌混合。分2～3次加入蛋液，每次加入時都用打蛋器充分地攪拌混合。
2. 將**A**混合後篩入盆中，用刮刀攪拌到沒有粉粒感。用將麵團壓到攪拌盆側面的方式混合，直到質地變得均勻滑順，再整理成一團。
3. 將麵團夾在兩片邊長30cm的方形烘焙紙中間，先用擀麵棍將麵團擀成3mm厚。連同烘焙紙將麵皮放到烤盤上，放進冰箱冷藏1小時以上。
4. 從冰箱中取出麵皮，壓出造型後排列在鋪了烘焙紙的烤盤上，放進預熱至170℃的烤箱中烘烤12～15分鐘。烤好之後連同烤盤一起放在冷卻架上放涼。

 MEMO 若是單純將麵粉減量、換成可可粉，烤出來的餅乾會太乾硬，請依食譜的分量製作唷！

170℃ 13～16分鐘

奶油餅乾變化版

紅茶餅乾

可別以為只是在麵團中加了茶葉這麼簡單而已唷！
紅茶餅乾的香氣和吃起來的感覺跟原味餅乾完全不同，有股說不出的魅力！

材料（直徑5cm花形模具 18～20個份）

無鹽奶油 … 60g
鹽 … 1撮
糖粉 … 45g
蛋液 … 1/2個份（25g）
A 低筋麵粉 … 120g
泡打粉 … 1撮
茶包的茶葉 … 1袋份（約2g）

前置準備

・將奶油、蛋液回復至室溫。

作法

1. 將奶油及鹽放入盆中，篩入糖粉，以刮刀攪拌混合。分2～3次加入蛋液，每次加入時都用打蛋器充分地攪拌混合。
2. 將**A**混合後篩入盆中，加入茶葉，用刮刀攪拌到沒有粉粒感。用將麵團壓到攪拌盆側面的方式混合，直到質地變得均勻滑順，再整理成一團。
3. 將麵團夾在兩片邊長30cm的方形烘焙紙中間，先用擀麵棍將麵團擀成3mm厚。連同烘焙紙將麵皮放到烤盤上，放進冰箱冷藏1小時以上。
4. 從冰箱中取出麵皮，壓出造型後排列在鋪了烘焙紙的烤盤上，放進預熱至170℃的烤箱中烘烤13～16分鐘。烤好之後連同烤盤一起放在冷卻架上放涼。

MEMO 烘烤期間茶葉會吸收麵團裡的水分，所以會比原味餅乾硬一些。如果想讓口感再鬆軟一點，可以在步驟1中加入1/3～1/4小匙牛奶。

170℃ 13～16分鐘

奶油餅乾變化版

全麥餅乾

越吃越能感受到麵粉的美味及香氣。
全麥麵粉很容易腐壞，務必要使用新鮮的。

材料（3×5cm的長方形模具 16～18個份）

無鹽奶油 … 60g
鹽 … 2撮
糖粉 … 35g
蛋液 … 1/2個份（25g）
A 低筋麵粉 … 60g
全麥麵粉（點心用）… 60g
泡打粉 … 1撮

前置準備

・將奶油、蛋液回復至室溫。

作法

1. 將奶油及鹽放入盆中，篩入糖粉，以刮刀攪拌混合。分2～3次加入蛋液，每次加入時都用打蛋器充分地攪拌混合。
2. 將**A**混合後用網目較粗的篩子篩入盆中，用刮刀攪拌到沒有粉粒感。以將麵團壓到攪拌盆側面的方式混合，直到質地變得均勻滑順，再整理成一團。
3. 將麵團夾在兩片邊長30cm的方形烘焙紙中間，先用擀麵棍將麵團擀成3mm厚。連同烘焙紙將麵皮放到烤盤上，放進冰箱冷藏1小時以上。
4. 從冰箱中取出麵皮，壓出造型後排列在鋪了烘焙紙的烤盤上，放進預熱至170℃的烤箱中烘烤13～16分鐘。烤好之後連同烤盤一起放在冷卻架上放涼。

 MEMO 全麥麵粉本身帶有強烈鮮味及獨特香氣，所以會與低筋麵粉混合使用、降低甜味，且會加點鹽來平衡味道。

170℃ 22～25分鐘

切片餅乾變化版

可可杏仁餅乾

在可可麵團中加入香醇的杏仁片，
是我18歲修業期間學到的、充滿回憶的味道。

材料（直徑約4cm 12～14個份）

無鹽奶油 … 70g
二砂 … 30g
蛋液 … 1/2個份（25g）
香草精（如果有的話）… 1～2滴
A 低筋麵粉 … 110g
　可可粉 … 15g
杏仁片 … 30g
細砂糖 … 適量

前置準備

・將奶油、蛋液回復至室溫。

作法

1. 將奶油放入盆中，加入二砂，用刮刀攪拌均勻。分2～3次加入蛋液，每次加入時都用打蛋器充分地攪拌混合。
2. 先加入香草精，再篩入混合好的**A**，用刮刀攪拌至沒有粉粒感。以將麵團壓到攪拌盆側面的方式混合，直到質地變得均勻滑順，加入杏仁片後快速地攪拌混合，再整理成一團。
3. 將麵團滾動成棒狀後壓實，再用烘焙紙包裹，調整成直徑3cm、長20～22cm的圓筒狀。放進冰箱冷藏1小時以上。
4. 用毛刷在麵團表面塗一層薄薄的水，並且將表面沾滿細砂糖。將麵團切成1.5cm厚的圓片，排列在鋪了烘焙紙的烤盤上，放進預熱至170℃的烤箱中烘烤22～25分鐘。最後連同烤盤一起放在冷卻架上放涼。

MEMO 在麵團中加入杏仁片等固體時，容易產生空洞，因此滾成棒狀之後要將麵團壓實。

170℃　22～25分鐘

切片餅乾變化版

橙皮餅乾

奶油風味餅乾中散發出清爽的柑橘香氣，
吃不膩的味道，常常一不小心就吃光了。

材料（直徑約4cm　12～14個份）

無鹽奶油 … 70g
糖粉 … 40g
蛋黃 … 1個份
A 低筋麵粉 … 140g
肉桂粉 … 1/4小匙
糖漬橙皮 … 30g

前置準備

- 將奶油、蛋黃回復至室溫。
- 去除糖漬橙皮的糖漿後，切成粗碎粒。

作法

1. 將奶油放入盆中，篩入糖粉，用刮刀攪拌均勻。接著加入蛋黃，用打蛋器充分地攪拌混合。
2. 篩入混合好的**A**，用刮刀攪拌至沒有粉粒感。以將麵團壓到攪拌盆側面的方式混合，直到質地變得均勻滑順。接著加入橙皮碎粒，快速地攪拌混合，再整理成一團。
3. 將麵團滾動成棒狀後用烘焙紙包裹，調整成直徑3cm、長20～22cm的圓筒狀。放進冰箱冷藏1小時以上。
4. 將麵團切成1.5cm厚的圓片，排列在鋪了烘焙紙的烤盤上，放進預熱至170℃的烤箱中烘烤22～25分鐘。最後連同烤盤一起放在冷卻架上放涼。

MEMO 橙皮的糖漿如果混入麵團中，會烤出硬梆梆的餅乾，所以要仔細地瀝除糖漿再切碎。橙皮就已經有脆脆的口感了，所以這裡只加了蛋黃，以降低蛋白帶來的酥脆感。因為是種容易燒焦的餅乾麵團，所以超過18分鐘之後就要開始觀察烤色。

170℃ 22～25分鐘

切片餅乾變化版

核桃洋甘菊餅乾

散發著青蘋果般香氣的洋甘菊加上核桃，
是我心中的完美組合！

材料（直徑約4cm 12～14個份）

無鹽奶油 … 70g
二砂 … 40g
蛋黃 … 1個份
低筋麵粉 … 130g
核桃 … 40g
洋甘菊（茶包）… 2袋份（約3g）

前置準備

- 將奶油、蛋黃回復至室溫。
- 將核桃切成1cm大的碎粒狀。
- 洋甘菊中若有較粗的莖要挑除。

作法

1. 將奶油放入盆中，放入二砂，用刮刀攪拌均勻。接著加入蛋黃，用打蛋器充分地攪拌混合。
2. 篩入低筋麵粉，用刮刀攪拌至沒有粉粒感。加入核桃，以將麵團壓到攪拌盆側面的方式混合，直到質地變得均勻滑順。加入洋甘菊攪拌混合。
3. 將麵團滾動成棒狀後用烘焙紙包裹，調整成直徑3cm、長20～22cm的圓筒狀。放進冰箱冷藏1小時以上。
4. 將麵團切成1.5cm厚的圓片，排列在鋪了烘焙紙的烤盤上，放進預熱至170℃的烤箱中烘烤22～25分鐘。最後連同烤盤一起放在冷卻架上放涼。

基本的雪球餅乾

我對這種稱作雪球的餅乾有些堅持。它的口感必須是鬆脆的，外觀是美麗的圓頂狀！讓烤好的雪球不會凹陷的祕訣，是麵團滾圓後要確實地冷藏。雪球形狀是否飽滿就看這一步。

基本的擠花餅乾

好的擠花餅乾邊緣應該要有立體的線條感。要做出清楚的花紋，關鍵在於奶油最初的狀態，一定要是室溫且軟化的奶油。太硬或過度融化的奶油都只能做出模糊的線條，味道也會偏油膩。

基本的雪球餅乾

170℃ 13～15分鐘

材料（約2.5cm大 23～25個份）

- **A** 低筋麵粉 … 120g
  - 杏仁粉 … 30g
  - 細砂糖 … 30g
  - 鹽 … 1撮
- 無鹽奶油 … 80g
- 糖粉 … 適量

前置準備

- 將奶油切成1cm丁狀，放進冰箱冷藏備用。
- 將**A**混合後用網目較粗的篩子篩入攪拌盆中，放進冰箱冷藏15分鐘左右。

作法

1 將奶油丁放入**A**盆中，使奶油沾滿粉類。

＊直接碰到奶油的話，奶油會因體溫而融化，所以要先讓奶油裹上粉類。

2 用指腹壓碎奶油，快速地搓揉混合，將奶油揉成紅豆大小。

3 接著用掌心將奶油顆粒和粉類搓揉混合成鬆散的粉狀。

＊混合時動作要快，要趁奶油還冰涼的時候搓揉成鬆粉狀。

4 用刮板將麵團壓在攪拌盆側面，刮拌混合。

＊若過程中奶油開始融化，麵團周圍泛油光，就將麵團放進冰箱中冷藏10分鐘左右。

5 攪拌成滑順均勻的狀態後，整理成一團。

6 將麵團均分成每個10～12g。

＊重量差5g以上會有烤色不均的情況，須注意。

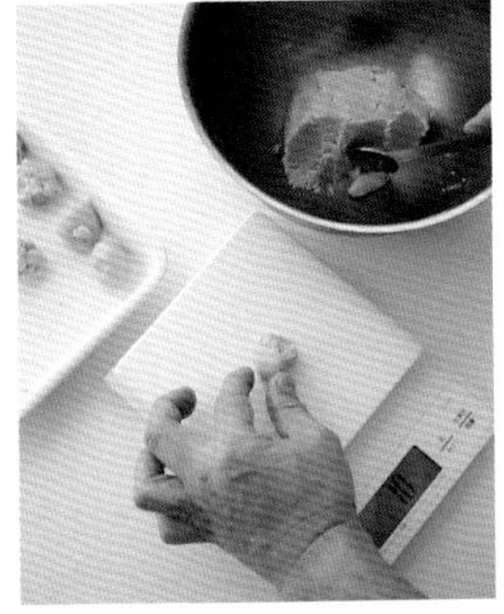

7 快速地滾圓，放到調理盤中。

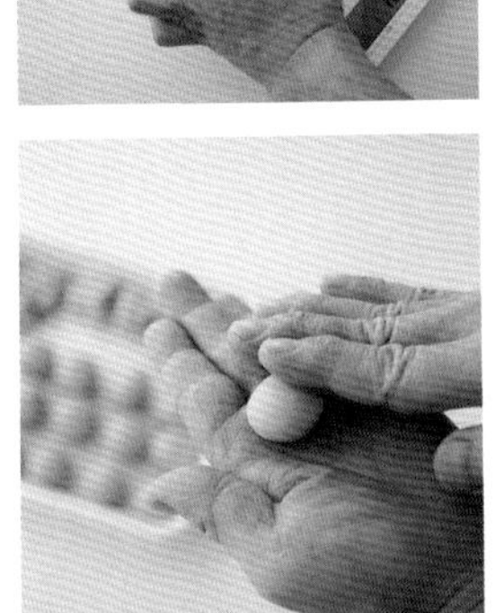

8 覆蓋保鮮膜，放進冰箱中冷藏1小時以上。

＊冷藏靜置的同時讓麵筋鬆弛（參照P9）。滾圓之後再靜置，取出後就可以馬上烘烤，烤好的餅乾也比較不會扁塌變形。

9 將烤箱預熱至170℃。將麵團排列在鋪了烘焙紙的烤盤上，放進烤箱中，以170℃烘烤13～15分鐘。

10 連同烤盤一起放在冷卻架上放涼。

11 將冷卻的餅乾放入裝了糖粉的調理盤中，讓餅乾裹滿糖粉。

＊假如想讓餅乾裹上更多糖粉，可以在餅乾仍殘留餘溫時移至調理盤中沾裹。

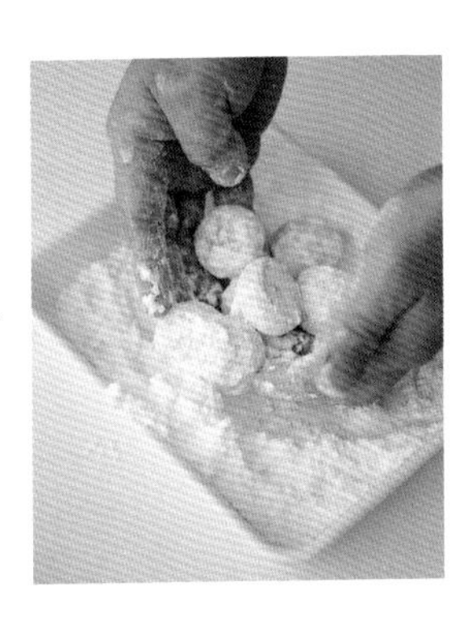

成品 CHECK!

奶油不夠冰、麵團滾圓後沒有放進冰箱冷藏，都會導致麵團在烘烤時過軟，往橫向擴散成不高的半球形。

基本的擠花餅乾

160℃ 18～20分鐘

材料（約5cm大 18～20個份）

無鹽奶油 … 100g
鹽 … 1撮
糖粉 … 40g
香草精（如果有的話）… 1～2滴
蛋白 … 20g
低筋麵粉 … 120g

前置準備

- 奶油加溫至比室溫再軟一點的狀態（差不多像美乃滋一樣的軟硬度）。
- 蛋白回復至室溫。
- 將擠花袋裝上星形（8齒）花嘴，袋內的花嘴根部先用夾子夾起來。

作法

1 將奶油、鹽放入攪拌盆中，篩入糖粉，以刮刀攪拌均勻。

2 加入香草精及蛋白。

3 用打蛋器攪拌至乳霜狀。

＊一開始蛋白看起來會是分離的狀態，但是攪拌一陣子之後就會開始乳化，變得滑順。

4 將低筋麵粉過篩加入盆中，用刮刀攪拌至沒有粉粒感。

5 將麵團壓到攪拌盆的側面，刮拌混合。

＊攪拌過度會使麵團變硬，大概刮拌1～2圈就可以了。

6 將麵團放入擠花袋中，用刮板將麵團推向花嘴處，將袋口旋緊。並將烤箱預熱至160℃。

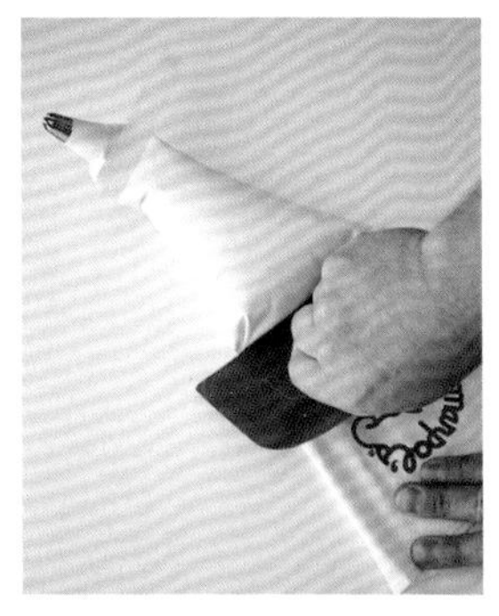

7 取下擠花袋的夾子，在鋪了烘焙紙的烤盤上擠出3～4cm左右的波浪形。

＊盡量使麵團維持在相同粗細和大小，烤色才會均勻。擠麵團的時候要用均勻的力道，一口氣擠出來。

8 以160℃烘烤18～20分鐘。

9 連同烤盤一起放在冷卻架上放涼。

＊成品的最佳狀態是邊緣呈淡金黃色，中央則沒有烤色。

成品 CHECK!

奶油融化過度，或是攪拌混合不均，成品都會因為麵團過軟、扁塌，使花紋變得模糊。此外，奶油浮到表面也是造成口感不佳的因素之一。

170℃ 13～15分鐘

雪球餅乾變化版

檸檬雪球

用奶油做出酥鬆口感的雪球中，加入了滿滿的檸檬皮。
讓口中充滿清爽的香氣。

材料（約2.5cm大 23～25個份）

A 低筋麵粉 … 120g
杏仁粉 … 30g
細砂糖 … 30g
鹽 … 1撮

無鹽奶油 … 80g
檸檬皮屑 … 1個份

前置準備

- 將奶油切成1cm丁狀，放進冰箱冷藏備用。
- 將**A**混合後用網目較粗的篩子篩入攪拌盆中，放進冰箱冷藏15分鐘左右。

作法

1. 將奶油丁放入**A**的盆中，使奶油沾滿粉類。用指腹壓碎奶油，快速地搓揉混合。待奶油丁揉成紅豆大小之後，用掌心將奶油顆粒和粉類搓揉混合成粉狀。
2. 加入檸檬皮，用刮板將麵團壓在攪拌盆側面刮拌混合。攪拌成滑順均勻的狀態後，整理成一團。
3. 將麵團均分成每個10～12g，快速地滾圓，放到調理盤中。覆蓋保鮮膜，放進冰箱中冷藏1小時以上。
4. 將麵團排列在鋪了烘焙紙的烤盤上，放進預熱至170℃的烤箱中烘烤13～15分鐘。連同烤盤一起放在冷卻架上放涼。

170℃ 13～15分鐘

雪球餅乾變化版

藍莓雪球

裹著淡粉色糖粉的雪球中，
藏著甘甜柔軟的藍莓果乾。

材料（約2.5cm大 23～25個份）

A 低筋麵粉 … 120g
杏仁粉 … 30g
細砂糖 … 30g
鹽 … 1撮
無鹽奶油 … 80g
藍莓果乾 … 適量
糖粉 … 適量
蔓越莓粉（如果有的話）… 適量

前置準備

- 將奶油切成1cm丁狀，放進冰箱冷藏備用。
- 將A混合後用網目較粗的篩子篩入攪拌盆中，放進冰箱冷藏15分鐘左右。
- 糖粉和蔓越莓粉以5：1左右的比例混合均勻。

作法

1. 將奶油丁放入A的盆中，使奶油沾滿粉類。用指腹壓碎奶油，快速地搓揉混合。待奶油丁揉成紅豆大小之後，用掌心將奶油顆粒和粉類搓揉混合成粉狀。
2. 用刮板將麵團壓在攪拌盆側面刮拌混合。攪拌成滑順均勻的狀態後，整理成一團。
3. 將麵團均分成每個10～12g，每個包入2～3粒藍莓果乾後快速地滾圓，放到調理盤中。覆蓋保鮮膜，放進冰箱中冷藏1小時以上。
4. 將麵團排列在鋪了烘焙紙的烤盤上，放進預熱至170℃的烤箱中烘烤13～15分鐘。連同烤盤一起放在冷卻架上放涼。將冷卻的雪球放入混合蔓越莓粉與糖粉的調理盤中，將餅乾裹滿糖粉。

MEMO 藍莓果乾要包在麵團裡，才不會烤焦變硬。沒有蔓越莓粉的話，只用糖粉也OK。

170℃ 13～15分鐘

雪球餅乾變化版

夏威夷豆可可雪球

要加入雪球中的堅果，我一定會選夏威夷豆。
餅乾的質地和夏威夷豆的硬度堪稱絕配。

材料（約2.5cm大 23～25個份）

A 低筋麵粉 … 100g
可可粉 … 15g
杏仁粉 … 15g
二砂 … 30g
鹽 … 1撮
無鹽奶油 … 100g
夏威夷豆 … 30g

前置準備

- 將奶油切成1cm丁狀，放進冰箱冷藏備用。
- 將A混合後用網目較粗的篩子篩入攪拌盆中，放進冰箱冷藏15分鐘左右。
- 夏威夷豆切成粗碎粒。

作法

1. 將奶油丁放入A的盆中，使奶油沾滿粉類。用指腹壓碎奶油，快速地搓揉混合。待奶油丁揉成紅豆大小之後，用掌心將奶油顆粒和粉類搓揉混合成粉狀。
2. 用刮板將麵團壓在攪拌盆側面刮拌混合，加入夏威夷豆，再用刮板攪拌成滑順均勻的狀態後，整理成一團。
3. 將麵團均分成每個10～12g，快速地滾圓，放到調理盤中。覆蓋保鮮膜，放進冰箱中冷藏1小時以上。
4. 將麵團排列在鋪了烘焙紙的烤盤上，放進預熱至170℃的烤箱中烘烤13～15分鐘。連同烤盤一起放在冷卻架上放涼。

160℃ 13～15分鐘

擠花餅乾變化版

抹茶餅乾

抹茶的色澤和香氣容易因為熱度而流失，
建議用來製作這種短時間可以烤好的小餅乾。

材料（約2cm大 48～50個份）

無鹽奶油 … 100g
鹽 … 1撮
糖粉 … 40g
香草精（如果有的話）… 1～2滴
蛋白 … 20g
A 低筋麵粉 … 100g
抹茶 … 12g

前置準備

- 奶油加溫至比室溫再軟一點的狀態。
- 蛋白回復至室溫。
- 將擠花袋裝上星形（8齒）花嘴，袋內的花嘴根部先用夾子夾起來。

作法

1. 將奶油、鹽放入攪拌盆中，篩入糖粉，以刮刀攪拌均勻。加入香草精及蛋白，用打蛋器攪拌至乳霜狀。
2. 將**A**混合過篩加入盆中，用刮刀攪拌至沒有粉粒感。接著將麵團壓到攪拌盆側面，刮拌混合。
3. 將麵團放入擠花袋中，拆下夾子，在鋪了烘焙紙的烤盤上擠出1.5cm大的星形。
4. 放入預熱至160℃的烤箱中烘烤13～15分鐘。最後連同烤盤一起放在冷卻架上放涼。

擠出直徑1.5cm的麵團後，手放鬆，就這樣直直地往上拉。

160℃ 13～15分鐘

擠花餅乾變化版

香料奶茶餅乾

散發著異國風情的香料氣味。
茶葉請選擇紅茶風味濃郁的汀布拉或阿薩姆。

材料（約2cm大 48～50個份）

無鹽奶油 … 100g
鹽 … 1撮
糖粉 … 40g
香草精（如果有的話）… 1～2滴
蛋白 … 20g
A 低筋麵粉 … 120g
肉桂粉、小荳蔻粉 … 混合1/2小匙
茶包的茶葉（汀布拉等）… 1袋份（約2g）

前置準備

- 奶油加溫至比室溫再軟一點的狀態。
- 蛋白回復至室溫。
- 將**A**的低筋麵粉及香料粉混合過篩，再和茶葉混合。
- 將擠花袋裝上星形（8齒）花嘴，袋內的花嘴根部先用夾子夾起來。

作法

1. 將奶油、鹽放入攪拌盆中，篩入糖粉，以刮刀攪拌均勻。加入香草精及蛋白，用打蛋器攪拌至乳霜狀。
2. 加入**A**，用刮刀攪拌至沒有粉粒感。接著將麵團壓到攪拌盆側面，刮拌混合。
3. 將麵團放入擠花袋中，拆下夾子，在鋪了烘焙紙的烤盤上擠出1.5cm大的星形。
4. 放入預熱至160℃的烤箱中烘烤13～15分鐘。最後連同烤盤一起放在冷卻架上放涼。

160℃ 18～20分鐘

擠花餅乾變化版

榛果餅乾

我將以前在維也納旅遊時吃到的傳統點心做了點變化。
是一款很適合搭配熱可可和咖啡一起享用的餅乾。

材料（約5cm大 18～20個份）

無鹽奶油 … 100g
鹽 … 1撮
榛果粉（或杏仁粉）… 30g
糖粉 … 45g
蛋液 … 1/2個份（25g）
低筋麵粉 … 100g

前置準備

- 奶油加溫至比室溫再軟一點的狀態。
- 蛋液回復至室溫。
- 將擠花袋裝上星形（8齒）花嘴，袋內的花嘴根部先用夾子夾起來。

作法

1. 將奶油、鹽、榛果粉放入攪拌盆中，篩入糖粉，以刮刀攪拌均勻。加入蛋液，用打蛋器攪拌至乳霜狀。
2. 篩入低筋麵粉，用刮刀攪拌至沒有粉粒感。接著將麵團壓到攪拌盆側面，刮拌混合。
3. 將麵團放入擠花袋中，拆下夾子，在鋪了烘焙紙的烤盤上擠出3～4cm左右的波浪形。
4. 放入預熱至160℃的烤箱中烘烤18～20分鐘。最後連同烤盤一起放在冷卻架上放涼。

基本的美式餅乾

用湯匙一杓一杓挖到烤盤上就好，是做起來很輕鬆的餅乾。不過，我第一次做這種餅乾的時候也失敗過，因為一時忘了烤過之後餅乾會往外擴散，結果烤出一大片和烤盤一樣大的餅乾。烘烤時要盡量預留空間哦！

基本的玄米油餅乾

玄米油餅乾的一大魅力在於，想吃的時候很快就能做好。畫好切割線之後直接進爐烘烤，接著只要啪地一聲將餅乾剝開就可以了，非常簡單又有趣！因為玄米油幾乎沒什麼味道，可以加入優格增添風味，口感也會變得比較脆且紮實。

基本的美式餅乾

180℃ 17～20分鐘

材料（直徑約9cm 5個份）

無鹽奶油 … 70g
二砂 … 50g
蜂蜜 … 15g
鹽 … 1撮
蛋液 … 1/2個份（25g）

A 低筋麵粉 … 50g
泡打粉 … 1/2小匙
燕麥片 … 70g

前置準備

- 將奶油切成2cm丁狀。
- 將**A**的低筋麵粉及泡打粉混合過篩，再和燕麥片混合。
- 準備隔水加熱要用的熱水（約50℃，加熱時鍋底冒出氣泡的程度）。

作法

1 將1/3分量的奶油放入攪拌盆中，以隔水加熱的方式融化。

2 加入剩餘的奶油，停止隔水加熱，用打蛋器攪拌成糊狀。

＊奶油最好介於融化和還沒融化之間。

＊若加入泡打粉時奶油還是熱的，泡打粉就會開始膨脹，因此奶油要早點停止加熱。

3 加入二砂、蜂蜜、鹽之後繼續攪拌。

＊不用攪拌到砂糖完全融化，維持在有顆粒感的狀態就好。

4 分2～3次加入蛋液，每次加入時都用打蛋器攪拌混合至看不出蛋液的水分。

5 加入**A**，用刮刀攪拌至沒有粉粒感。

6 將麵團蓋上保鮮膜，放進冰箱中冷藏靜置30分鐘以上。

7 將烤箱預熱至180℃。在烤盤上鋪好烘焙紙，用湯匙挖取約5cm大的麵團放到烤盤上。繼續放上其餘的麵團，每團間隔3～4cm。

＊麵團烤過之後會往旁邊擴散，要保留足夠的空間。

想要做出大小均等的漂亮圓形，可以每團都秤重（約50g），滾成圓球狀再擺到烤盤上。

8 用叉子背面輕壓，並將表面抹勻。

9 放入烤箱以180℃烘烤17～20分鐘。

10 連同烤盤一起放在冷卻架上放涼。

※餅乾溫熱的時候因為還是軟的、容易變形，所以冷卻之前都不要去動它們。

在步驟3時保留砂糖顆粒是重點。殘留的砂糖在烘烤時會融化成焦糖狀，產生出均勻的空洞，使餅乾吃起來酥酥脆脆。若砂糖融化過度就沒有這樣的空洞，口感也會隨之變硬。

基本的玄米油餅乾

180℃ 18～20分鐘

材料（約4cm大 48～50個份）

A 細砂糖 … 30g
鹽 … 1撮
原味優格 … 20g
玄米油 … 40g

B 低筋麵粉 … 100g
泡打粉 … 2撮
全麥麵粉（點心用）… 15g

作法

1 將**A**全部加入盆中。

2 用打蛋器充分攪拌至出現黏稠感。

＊沒有充分攪拌至乳化的話，烤出來的成品會有油膩感。

3 將**B**的低筋麵粉及泡打粉混合篩入，再加入全麥麵粉。

4 用刮刀攪拌至沒有粉粒感為止。

5 拿一張30cm的方形烘焙紙，將麵團攤平在紙上。

6 再蓋上一張30cm的方形烘焙紙，用擀麵棍將麵團擀成3mm厚。將烤箱預熱至180℃。

＊在左右兩側放上輔助尺（參照P127）可以擀得更均勻。

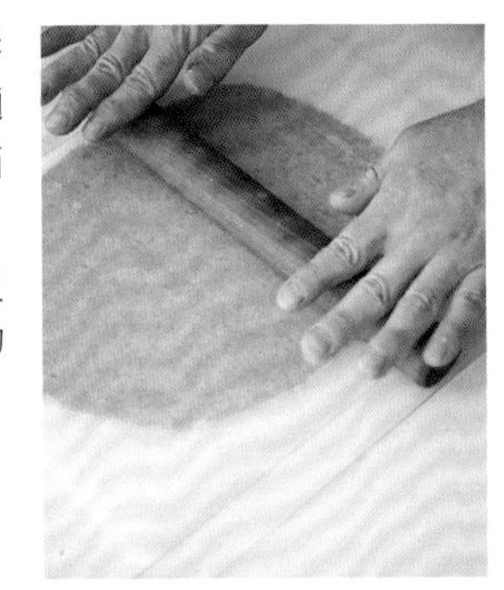

7 拿下上方的烘焙紙，用刀子切出縱橫皆為4cm的間隔（切到底OK）。接著像是連接對角線那樣切出斜線。

＊用模具壓製形狀也OK。

8 就這樣連同烘焙紙一起放到烤盤上，放入預熱至180℃的烤箱中烘烤18～20分鐘。

＊玄米油餅乾很容易烤熟，連同烘焙紙一起烘烤之後再剝開比較輕鬆。

9 連同烤盤一起放在冷卻架上放涼。

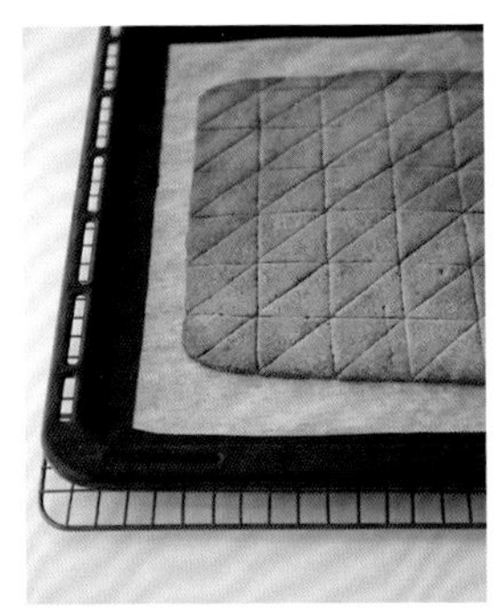

10 冷卻後沿著切線將餅乾剝開。

成品
CHECK!

厚度不平均的話，較薄的部分會烤過頭，較厚的部分則是沒有上色。建議使用厚度輔助尺等工具，將麵團擀成相同的厚度。

180℃ 17～20分鐘

美式餅乾變化版

咖啡巧克力豆餅乾

咖啡口味的餅乾體，加上巧克力豆，
是甜中帶點微苦的大人口味。

材料（直徑約9cm 5個份）

無鹽奶油 … 70g
二砂 … 30g
細砂糖 … 30g
鹽 … 1撮
蛋液 … 1/2個份（25g）
A 即溶咖啡（顆粒）… 2小匙
蘭姆酒（或水）… 1小匙

B 低筋麵粉 … 120g
泡打粉 … 1/2小匙
巧克力豆 … 100g

*只用其中一種糖60g也OK。加入二砂味道會比較濃郁，但是只有二砂的話比較容易烤焦，須注意。

前置準備

- 將奶油切成2cm丁狀。
- 將**A**混合溶成液狀。
- 準備隔水加熱要用的熱水（約50℃，加熱時鍋底冒出氣泡的程度）。

作法

1. 將1/3分量的奶油放入攪拌盆中，以隔水加熱的方式融化。接著加入剩餘的奶油，停止隔水加熱，用打蛋器攪拌成糊狀。
2. 加入二砂、細砂糖、鹽之後繼續攪拌。分2～3次加入蛋液，每次加入都要充分地攪拌。加入**A**，繼續攪拌混合。
3. 將**B**混合後篩入盆中，用刮刀攪拌至沒有粉粒感，接著加入巧克力豆快速地攪拌混合。將麵團蓋上保鮮膜，放進冰箱中冷藏靜置30分鐘以上。
4. 在烤盤上鋪好烘焙紙，用湯匙挖取約5cm大的麵團放到烤盤上，每團間隔3～4cm。用叉子背面輕壓，將表面抹勻。放入預熱至180℃的烤箱中烘烤17～20分鐘。烤好之後連同烤盤一起放在冷卻架上放涼。

180℃ 17～20分鐘

美式餅乾變化版

肉桂葡萄乾餅乾

為了做出適合柔軟葡萄乾的餅乾體，
在配方中加入了蜂蜜，做出濕潤的口感。

材料（直徑約9cm 5個份）

無鹽奶油 … 70g
細砂糖 … 50g
蜂蜜 … 15g
鹽 … 1撮
蛋液 … 1/2個份（25g）

A 低筋麵粉 … 110g
泡打粉 … 1/2小匙
肉桂粉 … 1/2小匙

葡萄乾 … 50g

前置準備

- 將奶油切成2cm丁狀。
- 準備隔水加熱要用的熱水（約50℃，加熱時鍋底冒出氣泡的程度）。

作法

1. 將1/3分量的奶油放入攪拌盆中，以隔水加熱的方式融化。接著加入剩餘的奶油，停止隔水加熱，用打蛋器攪拌成糊狀。
2. 加入細砂糖、蜂蜜、鹽之後繼續攪拌。分2～3次加入蛋液，每次加入都要充分地攪拌。
3. 將A混合後篩入盆中，用刮刀攪拌至沒有粉粒感，接著加入葡萄乾快速地攪拌混合。將麵團蓋上保鮮膜，放進冰箱中冷藏靜置30分鐘以上。
4. 在烤盤上鋪好烘焙紙，用湯匙挖取約5cm大的麵團放到烤盤上，每團間隔3～4cm。用叉子背面輕壓，將表面抹勻。放入預熱至180℃的烤箱中烘烤17～20分鐘。烤好之後連同烤盤一起放在冷卻架上放涼。

180℃ 17～20分鐘

美式餅乾變化版

焦糖核果餅乾

恣意流淌的酥脆焦糖，
分別在每片餅乾展現出不同的樣貌。

材料（直徑約9cm 5個份）

無鹽奶油 … 70g
細砂糖 … 30g
二砂 … 30g
蛋液 … 1/2個份（25g）

A 低筋麵粉 … 110g
泡打粉 … 1/2小匙
牛奶糖（市售）
… 5～6顆（約50g）
胡桃 … 50g
鹽 … 2撮

前置準備

- 奶油切成2cm丁狀。
- 牛奶糖切成5～8mm丁狀。
- 胡桃切成粗碎粒。
- 準備隔水加熱要用的熱水（約50℃，加熱時鍋底冒出氣泡的程度）。

作法

1. 將1/3分量的奶油放入攪拌盆中，以隔水加熱的方式融化。接著加入剩餘的奶油，停止隔水加熱，用打蛋器攪拌，待餘溫將奶油融化。
2. 加入細砂糖、二砂之後繼續攪拌。分2～3次加入蛋液，每次加入都要充分地攪拌。
3. 將**A**混合後篩入盆中，用刮刀攪拌至沒有粉粒感。接著加入牛奶糖、胡桃、鹽快速地攪拌混合。將麵團蓋上保鮮膜，放進冰箱中冷藏靜置30分鐘以上。
4. 在烤盤上鋪好烘焙紙，用湯匙挖取約5cm大的麵團放到烤盤上，每團間隔3～4cm。用叉子背面輕壓，將表面抹勻。放入預熱至180℃的烤箱中烘烤17～20分鐘。烤好之後連同烤盤一起放在冷卻架上放涼。

180℃ 18～20分鐘

玄米油餅乾變化版

芝麻黃豆粉薄餅

芝麻在口中的顆粒感和黃豆粉的香氣，
讓人忍不住一片接一片地吃下去。

材料（直徑約3cm的花型模具 約30個份）

A 細砂糖 … 30g
鹽 … 1撮
原味優格 … 25g
玄米油 … 40g

B 低筋麵粉 … 100g
黃豆粉 … 10g
泡打粉 … 1/3小匙

白芝麻、黑芝麻 … 混合30g

作法

1. 將**A**全部加入盆中。用打蛋器充分攪拌至出現黏稠感。
2. 將**B**混合篩入，再加入芝麻，用刮刀攪拌至沒有粉粒感為止。
3. 用兩張30cm的方形烘焙紙將麵團夾起，接著用擀麵棍將麵團擀成3mm厚。
4. 拿下上方的烘焙紙，用模具壓出割線形狀（壓到底OK，但是不用去除花形以外的麵皮）。接著，連同烘焙紙一起放到烤盤上，放入預熱至180℃的烤箱中烘烤18～20分鐘。連同烤盤一起放在冷卻架上放涼，冷卻後沿著切線將餅乾剝開。

170℃ 18～20分鐘

玄米油餅乾變化版

綜合穀麥脆餅

兼具玄米油餅乾和美式餅乾的優點，
質樸鬆脆的口感來自於杏仁粉。

材料（直徑約6cm 9個份）

A 細砂糖 … 30g
鹽 … 1撮
杏仁粉（如果有的話）… 15g
牛奶 … 1大匙
玄米油 … 40g

B 低筋麵粉 … 80g
泡打粉 … 2撮

綜合穀麥（Granola）… 80g

作法

1. 將**A**全部加入盆中。用打蛋器充分攪拌至出現黏稠感。
2. 將**B**混合篩入，用刮刀攪拌至沒有粉粒感為止，再加入綜合穀麥快速地攪拌混合。
3. 在烤盤上鋪好烘焙紙，用湯匙挖取約3cm大的麵團放到烤盤上，每團間隔3～4cm。
4. 用叉子背面輕壓，將表面抹勻。放入預熱至170℃的烤箱中烘烤18～20分鐘。烤好之後連同烤盤一起放在冷卻架上放涼。

 MEMO 用市售的傳統綜合穀麥。加入巧克力或果乾也OK。建議挑選鹹味不重的。

170℃ 18～20分鐘

玄米油餅乾變化版

椰絲無花果餅乾

充滿熱帶風情的椰子香氣，
很適合搭配風味濃郁的無花果。

材料（直徑約6cm 9個份）

A 細砂糖 … 30g
鹽 … 1撮
牛奶 … 1大匙
玄米油 … 40g
B 低筋麵粉 … 90g
泡打粉 … 2撮
椰子絲 … 20g
無花果乾（半乾）… 30g

前置準備

- 無花果乾切成粗碎粒（若是完全乾燥的果乾，要用熱水浸泡2分鐘左右，稍微軟化之後再切）。

作法

1. 將**A**全部加入盆中。用打蛋器充分攪拌至出現黏稠感。
2. 將**B**混合篩入，用刮刀攪拌至沒有粉粒感為止，再加入椰子絲、無花果快速地攪拌混合。
3. 在烤盤上鋪好烘焙紙，用湯匙挖取約3cm大的麵團放到烤盤上，每團間隔3～4cm。用叉子背面輕壓，將表面抹勻。
4. 放入預熱至170℃的烤箱中烘烤18～20分鐘。烤好之後連同烤盤一起放在冷卻架上放涼。

170℃ 25～28分鐘

玄米油餅乾變化版

花生酥餅

在麵團裡加入片栗粉，就能增添濕潤的口感。
把花生換成其他自己喜歡的堅果也OK。

材料（約3cm大 12個份）

A 低筋麵粉 … 90g
片栗粉（日式太白粉）… 1大匙
杏仁粉 … 20g
細砂糖 … 30g
奶油花生米 … 30g

玄米油 … 40g

前置準備

・奶油花生米切成粗碎粒。

作法

1. 將**A**加入盆中，用手稍微攪拌之後加入玄米油。五根手指伸直，快速在盆中繞圈攪拌。
2. 一邊用手心壓扁麵團，一邊將麵團整理成一塊。
3. 用兩張30cm的方形烘焙紙將麵團夾起，接著用擀麵棍將麵團擀成1.5cm厚。
4. 用刀子將麵團分切成3cm的正方形，排列在鋪了烘焙紙的烤盤上。放入預熱至170℃的烤箱中烘烤25～28分鐘。連同烤盤一起放在冷卻架上放涼。

MEMO 在步驟1將材料全部加入食物調理機中攪拌也OK。

PART 2

享受口感

接下來要介紹的，是以第1章的餅乾麵團為基礎，

稍微調整材料配方及作法改變口感的餅乾。

薄脆、厚實、酥鬆、黏軟……。

盡情發掘餅乾的各種魅力吧！

其中包括平底鍋烤的餅乾及鹹餅乾。

奶油莎布蕾

我的莎布蕾配方是調整塔皮麵團製成的。將麵團攪拌滑順並擀平，就能烤出線條明顯的餅乾。外觀看起來好像有點硬？但口感其實相當鬆脆。烤出漂亮成品的祕訣是在烤盤上噴少量的水，防止餅乾變形。

180℃ 12～15分鐘

材料（4.5cm方形 18～20個份）

A 低筋麵粉 … 130g
泡打粉 … 1撮
糖粉 … 60g
鹽 … 1撮
杏仁粉 … 30g

無鹽奶油 … 80g
蛋液 … 20g

前置準備

- 將奶油切成1cm丁狀，放進冰箱冷藏備用。
- 將**A**混合後用網目較粗的篩子篩入攪拌盆中，放進冰箱冷藏15分鐘左右。

作法

1. 將奶油丁放入**A**的盆中，使奶油沾滿粉類。用指腹壓碎奶油，快速地搓揉混合。待奶油丁揉成紅豆大小之後，用掌心將奶油顆粒和粉類搓揉混合成粉狀。
2. 加入蛋液，用刮刀將麵團攪拌均勻，接著將麵團壓在攪拌盆側面刮拌混合，攪拌成滑順均勻的狀態後，整理成一團。
3. 用兩張30cm的方形烘焙紙將麵團夾起，接著用擀麵棍將麵團擀成5mm厚。連同烘焙紙一起放到烤盤上，放進冰箱中冷藏1小時以上。
4. 拆下上方的烘焙紙，用模具壓製形狀。在烤盤上鋪上烘焙紙，用噴霧器稍微將紙噴濕，再放上準備烘烤的餅乾麵團。
5. 放進預熱至180℃的烤箱中烘烤12～15分鐘。連同烤盤一起放在冷卻架上放涼。

奶油及杏仁粉比例較高的麵團，粉類黏著度不高，放進高溫的烤箱中容易翹起來，往上彎，因此要噴水沾濕、防止變形。

180℃ 12～15分鐘

奶油莎布蕾變化版

抹茶莎布蕾

沉穩的和風香氣，讓人感到心情放鬆。
多虧了玉米澱粉，使口感變得輕盈。

材料（4cm松形模具 24～26個份）

A 低筋麵粉 … 110g
泡打粉 … 1撮
玉米澱粉（或片栗粉）… 5g
抹茶 … 10g
糖粉 … 70g
鹽 … 1撮
杏仁粉 … 15g
無鹽奶油 … 80g
蛋液 … 20g

前置準備

- 將奶油切成1cm丁狀，放進冰箱冷藏備用。
- 將**A**混合後用網目較粗的篩子篩入攪拌盆中，放進冰箱冷藏15分鐘左右。

作法

1. 將奶油丁放入**A**的盆中，使奶油沾滿粉類。用指腹壓碎奶油，快速地搓揉混合。待奶油丁揉成紅豆大小之後，用掌心將奶油顆粒和粉類搓揉混合成粉狀。
2. 加入蛋液，用刮刀將麵團攪拌均勻，接著將麵團壓在攪拌盆側面刮拌混合，攪拌成滑順均勻的狀態後，整理成一團。
3. 用兩張30cm的方形烘焙紙將麵團夾起，接著用擀麵棍將麵團擀成3mm厚。連同烘焙紙一起放到烤盤上，放進冰箱中冷藏1小時以上。
4. 拆下上方的烘焙紙，用模具壓製形狀。在烤盤上鋪上烘焙紙，用噴霧器稍微將紙噴濕，再放上準備烘烤的餅乾麵團。放進預熱至180℃的烤箱中烘烤12～15分鐘。連同烤盤一起放在冷卻架上放涼。

180℃ 12～15分鐘

奶油莎布蕾變化版

咖啡榛果莎布蕾

香醇的榛果麵團在加入咖啡後更是別具風味，
是很均衡的味道。

材料（4cm花形模具 24～26個份）

A 低筋麵粉 … 130g
泡打粉 … 1撮
糖粉 … 60g
鹽 … 1撮
榛果粉 … 30g

無鹽奶油 … 80g
蛋液 … 20g
即溶咖啡（粉末）… 1小匙

前置準備

- 將奶油切成1cm丁狀，放進冰箱冷藏備用。
- 將**A**混合後用網目較粗的篩子篩入攪拌盆中，放進冰箱冷藏15分鐘左右。

作法

1. 將奶油丁放入**A**的盆中，使奶油沾滿粉類。用指腹壓碎奶油，快速地搓揉混合。待奶油丁揉成紅豆大小之後，用掌心將奶油顆粒和粉類搓揉混合成粉狀。
2. 加入蛋液和咖啡粉，用刮刀將麵團攪拌均勻，接著將麵團壓在攪拌盆側面刮拌混合，攪拌成滑順均勻的狀態後，整理成一團。
3. 用兩張30cm的方形烘焙紙將麵團夾起，接著用擀麵棍將麵團擀成3mm厚。連同烘焙紙一起放到烤盤上，放進冰箱中冷藏1小時以上。
4. 拆下上方的烘焙紙，用模具壓製形狀。在烤盤上鋪上烘焙紙，用噴霧器稍微將紙噴濕，再放上準備烘烤的餅乾麵團。放進預熱至180℃的烤箱中烘烤12～15分鐘。連同烤盤一起放在冷卻架上放涼。

南特莎布蕾

表面酥脆、中心濕潤，吃起來酥鬆的餅乾。是法國的傳統點心，原本使用的是杏仁膏這種稀有的材料。不過為了讓一般家庭也能輕鬆製作，我試著調整了配方。未來有機會到法國的話，一定要試試當地的味道，稍微比較一下。

180℃ 17～20分鐘

材料（直徑5cm花形模具 15～18個份）

無鹽奶油 … 100g

A 杏仁粉 … 60g
糖粉 … 40g
蛋白 … 10g
水麥芽（或蜂蜜）… 5g

低筋麵粉 … 130g

蛋液（裝飾用）、咖啡液 … 各適量

前置準備

- 將奶油回復至室溫。
- 將咖啡液加入蛋液中混合。

作法

1. 將奶油及**A**加入盆中，以刮刀攪拌混合。
2. 將低筋麵粉篩入盆中，用刮刀攪拌到沒有粉粒感，再整理成一團。
3. 將麵團夾在兩片30cm的方形烘焙紙中間，先用擀麵棍將麵團擀成5mm厚。接著連同烘焙紙將麵皮放到烤盤上，放進冰箱冷藏1小時以上。
4. 拆下上方的烘焙紙，用模具壓製形狀。將麵團排列在鋪了烘焙紙的烤盤上，用毛刷在表面塗上薄薄的蛋液。靜置1分鐘後，再塗一層。
5. 用竹籤畫上花紋之後，放進預熱至180℃的烤箱中烘烤17～20分鐘。連同烤盤一起放在冷卻架上放涼。

塗在餅乾表面的蛋液中混入咖啡液，可以讓烤色更明顯。用2小匙的水將1小匙的即溶咖啡粉泡開，再加入1/2個份的蛋液中混合。

經典的南特莎布蕾一定會有格紋。畫花紋時除了竹籤之外，也可以使用雙齒叉。

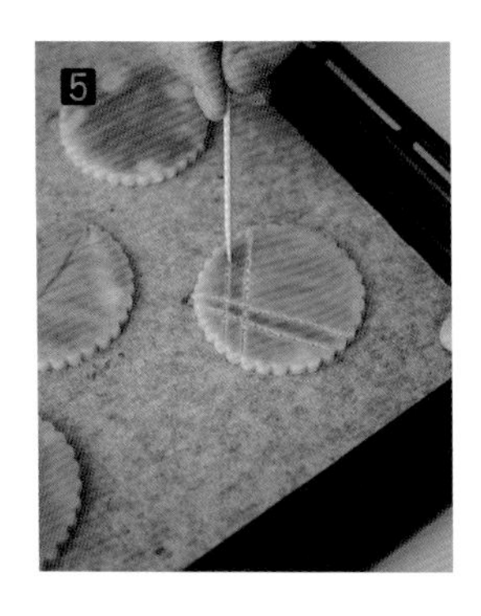

南錫馬卡龍

外表酥脆，中心黏軟，是種有著奇妙口感的古老法國點心。即使外層不夠酥脆也不代表失敗，可以放心。餅乾的特色是烤好之後會留著烘焙紙，要吃的時候才會將紙剝掉。原本材料中有使用杏仁膏，不過我調整了配方讓它做起來更容易。

160℃ 20～25分鐘

材料（直徑約8cm 8個份）

杏仁粉 … 60g
細砂糖 … 100g
蛋白 … 30g
水麥芽（或蜂蜜）… 5g
糖粉 … 適量

作法

1 將杏仁粉、細砂糖加入盆中，用刮刀快速地攪拌混合，接著加入蛋白、水麥芽，用刮刀攪拌至滑順狀態。

2 在烤盤上鋪上烘焙紙，用噴霧器稍微將紙噴濕，用湯匙挖取約3～4cm大的圓形麵團放到烤盤上，每團之間取出間隔。

3 用茶篩在麵團上灑上大量糖粉之後，放進預熱至160℃的烤箱中烘烤20～25分鐘。

4 連同烤盤一起放在冷卻架上放涼，接著連同烘焙紙將餅乾一個一個分開。

＊因為是種濕潤、有點黏手的餅乾，所以需要保留烘焙紙，要吃的時候才將紙剝下。

烘烤後，麵團會膨脹、擴散，在烤盤上排列時要確實空出間隔。

Polvorón 西班牙酥餅

這是我知道的餅乾中，最容易碎裂的一種，製作時要很小心。入口的瞬間會感到酥鬆、綿密，像沙子一般容易崩解，是西班牙酥餅最大的特色，也令人著迷。麵粉會事先用烤箱烤過，不過傳統上是用鍋子慢炒的。

170℃ 16～18分鐘

材料（直徑5cm圓形模具 8～10個份）

無鹽奶油 … 80g
鹽 … 1撮
糖粉 … 30～40g
低筋麵粉 … 120g
杏仁粉 … 15g（或是片栗粉2小匙）
糖粉（裝飾用）… 適量

前置準備

- 在墊了烘焙紙的烤盤上鋪上低筋麵粉，以預熱至180℃的烤箱烘烤30分鐘左右，接著移至墊著烘焙紙的調理盤上放涼。
- 奶油回復至室溫。

事先用烤箱將麵粉烤過，可以抑制麵筋的作用，烤出鬆脆的口感。

作法

1 將奶油、鹽加入盆中，接著把糖粉篩入盆中，以刮刀攪拌混合。

2 將低筋麵粉篩入盆中，加入杏仁粉，然後將麵團壓在攪拌盆側面刮拌混合，攪拌成滑順均勻的狀態後，整理成一團。

3 將麵團夾在兩片30cm的方形烘焙紙中間，先用擀麵棍將麵團擀成1cm厚。接著連同烘焙紙將麵皮放到烤盤上，放進冰箱冷藏1小時以上。

4 取出麵皮後置於室溫中4～5分鐘，再用模具壓製形狀。

＊因為是很脆弱的麵團，所以從冰箱中取出時要小心避免麵團龜裂。

5 在烤盤上鋪上烘焙紙，麵團間隔2～3cm擺放，接著以預熱至170℃的烤箱烘烤16～18分鐘。最後，連同烤盤一起放在冷卻架上放涼，再撒上糖粉。

＊餅乾還是熱的時候質地很軟，所以很容易碎裂，在完全冷卻前都不要碰它。

因為是很容易碎裂的麵團，首先要用模具下壓1～2mm深，再從正上方向下壓，最後輕柔地脫模。

170℃ 16～18分鐘

西班牙酥餅變化版

蕎麥酥餅

蕎麥粉的香氣很適合用來製作西班牙酥餅。
沒有麩質的蕎麥粉不用先烤過，直接使用也OK。

材料（直徑5cm圓形模具 8～10個份）

無鹽奶油 … 80g
鹽 … 1撮
糖粉 … 30～40g
低筋麵粉 … 85g
蕎麥粉 … 60g
核桃粉 … 20g（或是片栗粉2小匙）
糖粉（裝飾用）… 適量

前置準備

- 在墊了烘焙紙的烤盤上鋪上低筋麵粉，以預熱至180℃的烤箱烘烤30分鐘左右，接著移至墊著烘焙紙的調理盤上放涼。
- 奶油回復至室溫。

作法

1. 將奶油、鹽加入盆中，接著把糖粉篩入盆中，以刮刀攪拌混合。將低筋麵粉及蕎麥粉混合後篩入盆中，加入核桃粉，用刮刀攪拌到沒有粉粒感，接著將麵團壓在攪拌盆側面刮拌混合，攪拌成滑順均勻的狀態後，整理成一團。
2. 將麵團夾在兩片30cm的方形烘焙紙中間，先用擀麵棍將麵團擀成1cm厚。接著連同烘焙紙將麵皮放到烤盤上，放進冰箱冷藏1小時左右。
3. 取出麵皮後置於室溫中4～5分鐘，再用模具壓製形狀。
4. 在烤盤上鋪上烘焙紙，麵團間隔2～3cm擺放，接著以預熱至170℃的烤箱烘烤16～18分鐘。最後，連同烤盤一起放在冷卻架上放涼，再撒上糖粉。

170℃ 16～18分鐘

西班牙酥餅變化版

薰衣草和三盆糖酥餅

以入口即化且甜味高雅的和三盆糖搭配薰衣草，是我獨創的得意配方。

材料（直徑5cm圓形模具 8～10個份）

無鹽奶油 … 80g
鹽 … 1撮
和三盆糖 … 25g
低筋麵粉 … 120g
乾燥薰衣草 … 1/4小匙
杏仁粉 … 15g（或是片栗粉2小匙）
和三盆糖（裝飾用）… 適量

前置準備

- 在墊了烘焙紙的烤盤上鋪上低筋麵粉，以預熱至180℃的烤箱烘烤30分鐘左右，接著移至墊著烘焙紙的調理盤上放涼。
- 奶油回復至室溫。

作法

1. 將奶油、鹽及和三盆糖加入盆中，以刮刀攪拌混合。接著將低筋麵粉篩入盆中，加入薰衣草、杏仁粉，接著將麵團壓在攪拌盆側面刮拌混合，攪拌成滑順均勻的狀態後，整理成一團。
2. 將麵團夾在兩片30cm的方形烘焙紙中間，先用擀麵棍將麵團擀成1cm厚。接著連同烘焙紙將麵皮放到烤盤上，放進冰箱冷藏1小時以上。
3. 取出麵皮後置於室溫中4～5分鐘，再用模具壓製形狀。
4. 在烤盤上鋪上烘焙紙，麵團間隔2～3cm擺放，接著以預熱至170℃的烤箱烘烤16～18分鐘。最後，連同烤盤一起放在冷卻架上放涼，再撒上和三盆糖。

英式奶油酥餅

之前待在英國的時候，我幾乎天天都會配著紅茶吃。因為歐洲的奶油風味較濃郁，這次在配方中加入優格，就是想讓味道與之更接近，還會殘留淡淡的發酵香氣。也請各位好好享受咬下餅乾時扎實斷開的口感。

160℃ 28～32分鐘

材料（約1.5×7cm 16～18個份）

A 低筋麵粉 … 100g
高筋麵粉 … 50g
糖粉 … 45g
鹽 … 1撮
無鹽奶油 … 85g
優格 … 30g

前置準備

- 將奶油切成1cm丁狀，放進冰箱冷藏備用。
- 將**A**混合後用網目較粗的篩子篩入攪拌盆中，放進冰箱冷藏15分鐘左右。

作法

1. 將奶油丁放入**A**的盆中，使奶油沾滿粉類。用指腹壓碎奶油，快速地搓揉混合成紅豆大小。
2. 用掌心將奶油顆粒和粉類搓揉混合成粉狀。
3. 加入優格，用刮刀將麵團攪拌均勻，接著將麵團壓在攪拌盆側面刮拌混合。攪拌成滑順均勻的狀態後，整理成一團。
4. 將麵團夾在兩片30cm的方形烘焙紙中間，先用擀麵棍將麵團擀成1.5cm厚。接著連同烘焙紙將麵皮放到烤盤上，放進冰箱冷藏2小時以上。
5. 拆下上方的烘焙紙，切成7～8cm長、1.5cm寬，再排列於鋪了烘焙紙的烤盤上。
6. 用竹籤的尖端在麵團表面戳3～4個洞，接著以預熱至160℃的烤箱烘烤28～32分鐘。最後，連同烤盤一起放在冷卻架上放涼。

加入的優格因為水分不多，所以不容易混合，請用刮刀攪拌均勻。

因為麵團有厚度，熱度不容易傳至中心，所以要用竹籤在麵團上戳上大小相同的洞（可以戳到底）。用叉子也OK。

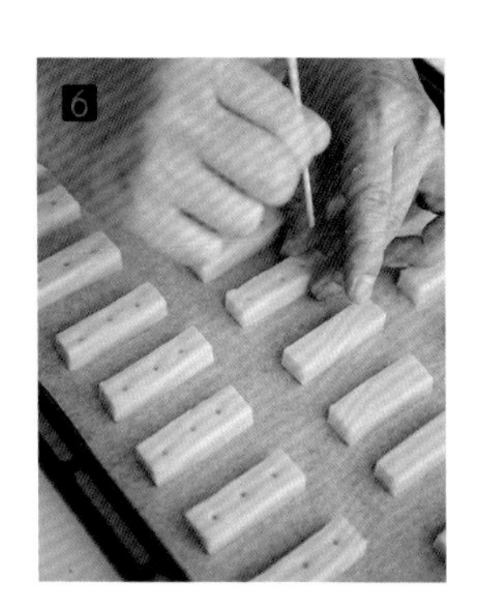

杏仁瓦片

在簡單且口感輕盈的餅乾之中，我最喜歡杏仁搭配柳橙風味的組合。清爽的香氣和杏仁的口感相輔相成，在口中擴散開來。特殊的弧度是法國的屋瓦造型，很容易入口對吧？製作時小心別被燙傷了。

180℃ 10～12分鐘

材料（直徑約8cm 8～9個份）

A 低筋麵粉 … 10g
 細砂糖 … 15g
 香草糖 … 5g
 鹽 … 1撮

杏仁片 … 30g
柳橙皮屑（有的話）… 1/2個份
蛋白 … 15g
無鹽奶油 … 10g
牛奶 … 適量

前置準備

- 將奶油放入耐熱容器中，以微波爐（600W）加熱10～20秒，使其融化。

作法

1. 將A及杏仁片、柳橙皮屑加入盆中，像是要拌入空氣般攪拌混合。
2. 加入蛋白繼續攪拌，接著加入融化的奶油，攪拌至滑順狀態。
3. 蓋上保鮮膜，放入冰箱中冷藏30分鐘以上。
4. 以湯匙挖取麵團，分成8～9等分，放在鋪了烘焙紙的烤盤上，每份麵團之間要拉開間隔。
5. 叉子的背面沾點牛奶，接著用叉子將麵團壓成5cm大。
6. 以預熱至180℃的烤箱烘烤10～12分鐘。趁麵團還沒冷卻之前，用鍋鏟將杏仁瓦片一片片鏟起，放在擀麵棍上彎出圓弧形，就這樣放涼。
 ＊很燙，製作時請戴上手套。

因為烘烤後會往旁邊擴散，要確實保留間隔。

使用叉子的背面一邊將麵團壓平，一邊調整形狀。

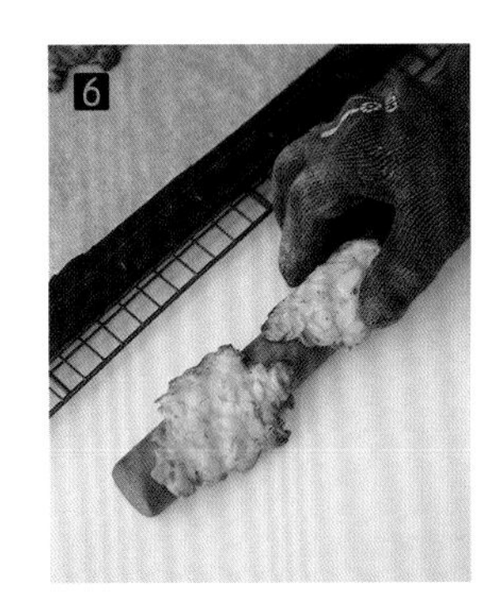

趁熱將瓦片放在擀麵棍、瓶罐等具有圓弧的物體上，就這樣放涼使其定型。

義大利脆餅

喜歡吃硬脆仙貝的我，在第一次吃義大利脆餅的時候還是被它的硬度嚇到了！雖然對發源地有一點不好意思，不過我只保留了它的硬脆口感，改良成一咬就會碎開的版本。關鍵在於打發的蛋液。這樣就能毫無顧忌地吃它囉（笑）。

170℃ 25分鐘 → 150℃ 20分鐘

材料（約6cm大 16～18個份）

蛋 … 1個
蛋黃 … 1個份
細砂糖 … 100g
鹽 … 1撮
杏仁粉 … 20g
A 低筋麵粉 … 200g
泡打粉 … 1/2小匙
杏仁（整粒）… 50g
綜合莓果乾 … 50g
手粉 … 適量

作法

1. 在盆中加入蛋及蛋黃，用打蛋器將其打散。加入細砂糖、鹽、杏仁粉，攪拌至顏色泛白、帶有濃稠感。
2. 將**A**混合篩入盆中，用刮刀攪拌到沒有粉粒感。接著加入杏仁、綜合莓果乾快速地混合。
3. 將麵團排列在鋪了烘焙紙的烤盤上，撒上手粉，將麵團捏成長28cm、寬4cm左右的海參狀。
4. 以預熱至170℃的烤箱烘烤大約25分鐘。確實地將表面烤乾，待麵團膨脹至原本的兩倍大，將麵團拿到砧板上，趁熱用麵包刀將其斜切成1.5cm厚。
5. 將切口向上排列在烤盤上，接著以150℃繼續烘烤20分鐘左右，將其充分地烤乾。最後，連同烤盤一起放在冷卻架上放涼。

將蛋液一直攪拌至顏色泛白、出現黏稠感為止。

用手將麵團捏成28×4cm左右的海參狀（＝上半部隆起膨脹的長方形）。

冷卻後會變硬，就切不開了，要趁熱趕快切，並將切口朝上擺放，再烤一次。製作時記得戴上手套，防止燙傷。

170℃ 25分鐘 → 150℃ 20分鐘

義大利脆餅變化版

焙茶黑芝麻脆餅淋白巧克力

黑芝麻＋焙茶香氣十足！
和散發著奶香的白巧克力的甜度搭配得恰恰好。

材料（約6cm大 16～18個份）

蛋 … 1個
蛋黃 … 1個份
細砂糖 … 100g
鹽 … 1撮
杏仁粉 … 20g
焙茶茶包的茶葉 … 2g
黑芝麻 … 25g
A 低筋麵粉 … 200g
泡打粉 … 1/2小匙
手粉 … 適量
白巧克力（片狀）… 120g

作法

1. 在盆中加入蛋及蛋黃，用打蛋器將其打散。加入細砂糖、鹽、杏仁粉、茶葉、芝麻，攪拌至顏色泛白、帶有濃稠感。
2. 將**A**混合篩入盆中，用刮刀攪拌到沒有粉粒感。接著將麵團排列在鋪了烘焙紙的烤盤上，撒上手粉，將麵團捏成長28cm、寬4cm左右的海參狀。
3. 以預熱至170℃的烤箱烘烤大約25分鐘。確實地將表面烤乾，待麵團膨脹至原本的兩倍大，將麵團拿到砧板上，趁熱用麵包刀將其斜切成1.5cm厚。
4. 將切口向上排列在烤盤上，接著以150℃繼續烘烤20分鐘左右，將其充分地烤乾。最後，連同烤盤一起放在冷卻架上放涼。
5. 將一半分量的白巧克力用隔水加熱（80℃）的方式融化，融化後停止加熱，加入剩下的白巧克力，用餘溫將其融化。用步驟4的餅乾沾取，再放到烘焙紙上晾乾。

170℃ 25分鐘 → 150℃ 20分鐘

義大利脆餅變化版

藍紋乳酪核桃鹹脆餅

用手剝著吃，當作下酒菜。
藍紋乳酪可以用其他喜歡的起司替換。

材料（約6cm大 16～18個份）

蛋 … 1個
蛋黃 … 1個份
細砂糖 … 30g
杏仁粉 … 20g
A 低筋麵粉 … 180g
全麥麵粉（點心用）… 20g
泡打粉 … 1/2小匙
藍紋乳酪 … 30g
核桃 … 50g
手粉 … 適量

前置準備

- 將藍紋乳酪、核桃切成粗碎粒。

作法

1. 在盆中加入蛋及蛋黃，用打蛋器將其打散。加入細砂糖、杏仁粉，攪拌至顏色泛白、帶有濃稠感。
2. 將**A**混合用網目較粗的篩網篩入盆中，用刮刀攪拌到沒有粉粒感。接著加入藍紋乳酪及核桃，快速地和麵團拌勻。將麵團排列在鋪了烘焙紙的烤盤上，撒上手粉，捏成長28cm、寬4cm左右的海參狀。
3. 以預熱至170℃的烤箱烘烤大約25分鐘。確實地將表面烤乾，待麵團膨脹至原本的兩倍大，將麵團拿到砧板上，趁熱用麵包刀將其斜切成1.5cm厚。
4. 將切口向上排列在烤盤上，接著以150℃繼續烘烤20分鐘左右，將其充分地烤乾。最後，連同烤盤一起放在冷卻架上放涼。

花生醬軟餅乾

在美國吃過就難以忘懷的香甜滋味，是我很喜歡的一種餅乾。花生醬雖然有各式各樣的種類，不過使用在超市輕鬆取得的花生醬，就能做出非常美味的餅乾了。保險起見，比起原版，我將甜度大幅調降，各位可以安心享用。

花生醬脆餅

這款餅乾的原型是台灣的傳統點心「花生酥」。我非常喜歡這種用花生粉做的點心，所以想著在日本是不是也能做做看。反覆試驗了好多次，結果做出來的成品在味道和口感上都和原版的花生酥不太一樣，不過還是成為我最愛的食譜之一。吃起來脆脆的，但滋味卻非常濃郁，令人難以抗拒。

花生醬軟餅乾

170℃ 15～18分鐘

材料（直徑約9cm 8個份）

無鹽奶油 … 80g
花生醬（加糖＊）… 100g
細砂糖 … 50g
二砂 … 30g
鹽 … 1撮
蛋液 … 1/2個份（25g）
牛奶 … 1大匙
A 低筋麵粉 … 100g
　小蘇打粉 … 2撮
花生米 … 50g
巧克力豆 … 80g

＊若使用無糖花生醬，細砂糖則調整為80g。

前置準備

・將奶油、蛋液回復至室溫。
・將花生米切成粗碎粒。

作法

1 將奶油、花生醬加入盆中，以刮刀攪拌均勻。

2 接著加入細砂糖、二砂、鹽，用打蛋器攪拌混合。

＊不用讓砂糖融化，保留顆粒的狀態即可。

3 繼續加入蛋液、牛奶攪拌混合。將**A**混合篩入盆中，用刮刀攪拌到沒有粉粒感，再加入花生碎粒及巧克力豆快速地攪拌混合。

4 在烤盤上鋪好烘焙紙，用湯匙挖取約5～6cm大的麵團放到烤盤上，麵團之間保留間隔。用叉子背面輕壓，將表面抹勻。

5 放入預熱至170℃的烤箱中烘烤15～18分鐘。烤好之後連同烤盤一起放在冷卻架上放涼。

＊餅乾還是熱的時候質地很軟，所以很容易碎裂，在完全冷卻前都不要碰它。

保留砂糖的顆粒感是一大關鍵。砂糖若融化，餅乾的口感就會變硬。

用叉子壓成相同厚度再烘烤。

花生醬脆餅

170℃ 23～25分鐘

材料（4.5cm方形13～15個份）

花生醬（加糖＊）… 80g
玄米油 … 30g
牛奶 … 1大匙
細砂糖 … 50g
二砂 … 10g
蛋黃 … 1個份
A 低筋麵粉 … 80g
　全麥麵粉（點心用）… 20g
　泡打粉 … 1/2小匙
花生米 … 20g

＊若使用無糖花生醬，細砂糖則調整為80g。

前置準備

・將花生米切成粗碎粒。

作法

1. 在盆中加入花生醬、玄米油及牛奶，用打蛋器充分地攪拌。接著加入細砂糖、二砂、蛋黃攪拌混合。
   ＊不用讓砂糖融化，保留顆粒的狀態即可。
2. 將**A**混合用網目較粗的篩網篩入盆中，用刮刀攪拌到沒有粉粒感，再整理成一團。
3. 用兩張30cm的方形烘焙紙將麵團夾起，用擀麵棍擀成1cm厚。
4. 拆下上方的烘焙紙，撒上花生碎粒後用手輕壓，再用模具壓製形狀。接著將麵團排列在鋪了烘焙紙的烤盤上。
5. 放進預熱至170℃的烤箱中烘烤23～25分鐘。連同烤盤一起放在冷卻架上放涼。

威爾斯餅

這是我在英國吃過的、回憶中的滋味。特殊的酥鬆口感是由平底鍋煎烤而成。表面酥脆，但是內側及側面仍是軟的。在英國，他們會加入一些黑醋栗，或是夾入果醬一起吃。在麵團中加入一些芝麻也很好吃唷！

材料（直徑5cm花形模具 14～16個份）

A 低筋麵粉 … 120g
泡打粉 … 1/2小匙
細砂糖 … 40g
無鹽奶油 … 60g
B 蛋黃 … 1個份
牛奶 … 1小匙
細砂糖（裝飾用）… 適量

前置準備

- 將奶油切成1cm丁狀，放進冰箱冷藏備用。
- 將**A**混合後用網目較粗的篩子篩入攪拌盆中，放進冰箱冷藏15分鐘左右。

作法

1. 將奶油丁放入**A**的盆中，使奶油沾滿粉類。用指腹壓碎奶油，快速地搓揉混合。待奶油丁揉成紅豆大小之後，用掌心將奶油顆粒和粉類搓揉混合成粉狀。
2. 加入**B**，用刮刀將麵團攪拌均勻，接著將麵團壓在攪拌盆側面刮拌混合，攪拌成滑順均勻的狀態後，整理成一團。
3. 用兩張30cm的方形烘焙紙將麵團夾起，接著用擀麵棍將麵團擀成5mm厚。連同烘焙紙一起放到烤盤上，放進冰箱中冷藏30分鐘以上。拆下上方的烘焙紙，用模具壓製形狀。
4. 在平底鍋上塗上薄薄的一層沙拉油（分量外），將麵團排列在鍋中，中間保留間隔，用小火加熱。煎烤6～8分鐘後，翻面再煎8分鐘左右，兩面都煎出看起來酥脆的金黃色，再放到冷卻架上放涼。
5. 在調理盤中放入細砂糖，將餅乾沾上砂糖。

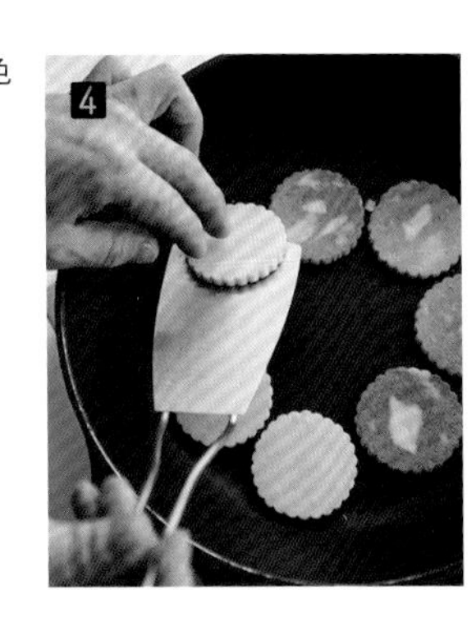

用小火慢煎，煎成金黃色再翻面。

植物油脆餅

原味脆餅請一定要用美味的橄欖油製作。鹹香中帶點辣味，當作點心或搭配紅酒都很合適。形狀可依個人喜好調整，切成長條形，模仿麵包棒也挺有趣的。搭配沾醬一起吃更好吃哦！

180℃ 20～23分鐘

材料（約2×6cm 20～22個份）

A 蛋液 … 1/2個份（25g）
原味優格 … 1小匙
二砂 … 1小匙
鹽 … 1/4小匙

橄欖油 … 30g
低筋麵粉 … 60g
泡打粉 … 1撮
全麥麵粉（點心用）… 30g
粗粒黑胡椒 … 少許

作法

1. 將A加入盆中用打蛋器攪拌混合。接著加入橄欖油，一直攪拌到出現黏稠感。
2. 將低筋麵粉、泡打粉混合過篩，接著加入全麥麵粉、黑胡椒，用刮刀攪拌至沒有粉粒感。
3. 用兩張30cm的方形烘焙紙將麵團夾起，用擀麵棍將麵團擀成5mm厚、20×12cm左右的大小。
4. 拆下上方的烘焙紙，用刀子將邊緣切齊後，在麵皮縱長方向的中心切一刀，接著橫向劃出間隔2公分的切線。
5. 就這樣整片移到烤盤上，用叉子在表面戳洞。放入預熱至180℃的烤箱中烘烤20～23分鐘。連同烤盤一起放在冷卻架上放涼，冷卻後沿著切線將餅乾剝開。

劃出切線的時候，刀刃切到底也OK。

戳洞有助於均勻受熱，防止烤色不均。

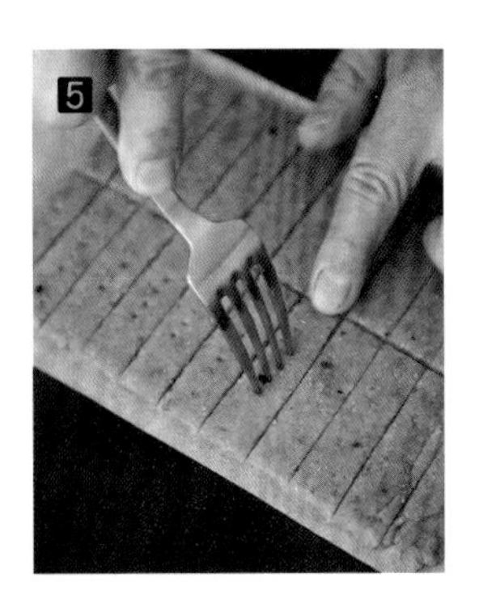

180℃ 20～23分鐘

植物油脆餅變化版

紅紫蘇脆餅

使用本身氣味不重的玄米油，突顯和風滋味。
紅紫蘇香鬆的鹹味和餅乾一拍即合。

材料（5cm大三角形模具 28～30個份）

A 蛋液 … 1/2個份（25g）
二砂 … 1小匙

玄米油 … 30g
低筋麵粉 … 90g
泡打粉 … 1撮
紅紫蘇香鬆 … 2小匙

作法

1. 將**A**加入盆中用打蛋器攪拌混合。接著加入玄米油，一直攪拌到出現黏稠感。將低筋麵粉、泡打粉混合篩入盆中，再加入紅紫蘇香鬆，用刮刀攪拌至沒有粉粒感。
2. 用兩張30cm的方形烘焙紙將麵團夾起，用擀麵棍將麵團擀成5mm厚，拆下上方的烘焙紙，用模具壓出割線形狀（壓到底OK，但是不用去除模具形狀以外的麵皮），用叉子在表面戳洞。
3. 連同烘焙紙一起放到烤盤上，放入預熱至180℃的烤箱中烘烤20～23分鐘。連同烤盤一起放在冷卻架上放涼，冷卻後沿著切線將餅乾剝開。

180℃ 20～23分鐘

植物油脆餅變化版

芝麻味噌脆餅

味噌香醇的鹹味很適合搭配散發著香氣的芝麻。
是種讓人吃到停不下來的美味。

材料（約3cm的正方形25～28個份）

A 味噌…20g
蛋液…1/2個份（25g）
原味優格…1小匙
二砂…1小匙

玄米油…30g
低筋麵粉…40g
泡打粉…1撮
全麥麵粉（點心用）…50g
白芝麻…2小匙

作法

1. 將A加入盆中用打蛋器攪拌混合。接著加入玄米油，一直攪拌到出現黏稠感。將低筋麵粉、泡打粉混合篩入盆中，再加入全麥麵粉、芝麻粒，用刮刀攪拌至沒有粉粒感。
2. 用兩張30cm的方形烘焙紙將麵團夾起，用擀麵棍將麵團擀成5mm厚。拆下上方的烘焙紙，用刀子橫向畫出邊長3公分的正方形切線（切到底OK），再用叉子在表面戳洞。
3. 就這樣整片移到烤盤上，放入預熱至180℃的烤箱中烘烤20～23分鐘。連同烤盤一起放在冷卻架上放涼，冷卻後沿著切線將餅乾剝開。

MEMO 麵團中加入味噌會比較容易烤焦，快烤好的時候要注意烤色。

鹹乳酪脆餅

這是一款在莎布蕾餅乾中加入大量起司的鹹餅乾，在表面加入爽脆的口感，讓容易吃膩的單調起司味中多了點變化。若想確保鋪在表面的起司和堅果不會脫落，可以用砧板壓一下。不過凹凸不平的表面也有一番樂趣，所以不用壓太大力。

160℃ 25～30分鐘

材料（約1.5×5cm 24～26個份）

A 低筋麵粉 … 80g
高筋麵粉 … 20g
起司粉 … 15g
細砂糖 … 10g
鹽 … 2/3小匙
胡椒 … 少許

無鹽奶油 … 50g

B 蛋液 … 10g
原味優格 … 15g

起司粉 … 30g

夏威夷豆 … 30g

前置準備

- 將奶油切成1cm丁狀，放進冰箱冷藏備用。
- 將**A**放入盆中，用打蛋器快速地攪拌混合，放進冰箱冷藏15分鐘左右。
- 夏威夷豆切成粗碎粒。

作法

1. 將奶油丁放入**A**的盆中，使奶油沾滿粉類。用指腹壓碎奶油，快速地搓揉混合。待奶油丁揉成紅豆大小之後，用掌心將奶油顆粒和粉類搓揉混合成粉狀。
2. 加入**B**，用刮刀將麵團攪拌均勻，接著將麵團壓在攪拌盆側面刮拌混合，攪拌成滑順均勻的狀態後，整理成一團。
3. 用兩張30cm的方形烘焙紙將麵團夾起，接著用擀麵棍將麵團擀成5mm厚、10×18cm左右的大小。連同烘焙紙一起放到烤盤上，放進冰箱中冷藏1小時以上。
4. 拆下上方的烘焙紙，用毛刷在表面塗上一層水，再撒上起司粉及夏威夷豆碎粒。蓋上烘焙紙，放上砧板快速地輕壓。
5. 將邊緣切齊，在麵皮縱長方向的中心切一刀，接著橫向畫出間隔1.5公分的切線。
6. 將麵團排列在鋪了烘焙紙的烤盤上，放入預熱至160℃的烤箱中烘烤25～30分鐘。連同烤盤一起放在冷卻架上放涼。

為了讓起司粉和堅果不會在烘烤時脫落，要先在麵皮上塗一層水再撒，並且用砧板輕輕將配料壓進麵皮裡。

160℃ 25～30分鐘

鹹乳酪脆餅變化版

番茄紅椒乳酪脆餅

充滿番茄和起司的美味。
是種讓人想配著啤酒或紅酒一起吃的餅乾。

材料（約1.5×5cm 24～26個份）

A 低筋麵粉 … 80g
高筋麵粉 … 20g
起司粉 … 15g
煙燻紅椒粉 … 2小匙
細砂糖 … 10g
鹽 … 2/3小匙

無鹽奶油 … 50g

B 蛋液 … 15g
原味優格 … 15g

半乾番茄 … 30g
乾燥荷蘭芹 … 2g
起司粉 … 20g

前置準備

- 將奶油切成1cm丁狀，放進冰箱冷藏備用。
- 將A放入盆中，用打蛋器快速地攪拌混合，放進冰箱冷藏15分鐘左右。
- 番茄乾切成細碎狀。

作法

1. 將奶油丁放入A的盆中，使奶油沾滿粉類。用指腹壓碎奶油，快速地搓揉混合。待奶油丁揉成紅豆大小之後，用掌心將奶油顆粒和粉類搓揉混合成粉狀。
2. 將B及番茄乾、荷蘭芹加入盆中，用刮刀將麵團攪拌成滑順均勻的狀態後，整理成一團。
3. 用兩張30cm的方形烘焙紙將麵團夾起，接著用擀麵棍將麵團擀成5mm厚、10×18cm左右的大小。放進冰箱中冷藏1小時以上。
4. 用毛刷在麵皮表面塗上一層水，再撒上起司粉。蓋上烘焙紙，放上砧板快速地輕壓。
5. 將邊緣切齊，在麵皮縱長方向的中心切一刀，接著橫向畫出間隔1.5公分的切線。將麵團排列在鋪了烘焙紙的烤盤上，放入預熱至160℃的烤箱中烘烤25～30分鐘。連同烤盤一起放在冷卻架上放涼。

MEMO 番茄乾容易烤焦，要揉入麵團裡。

160℃ 25～30分鐘

鹹乳酪脆餅變化版

咖哩乳酪脆餅

我在製作咖哩口味的餅乾時，大多會用味道醇厚的起司麵團當作基底。兩者堪稱絕配！

材料（約3cm的正方形 18～20個份）

A 低筋麵粉 … 75g
高筋麵粉 … 20g
起司粉 … 15g
咖哩粉 … 1大匙
細砂糖 … 10g
鹽 … 2/3小匙

無鹽奶油 … 50g

B 蛋液 … 15g
原味優格 … 15g

咖哩粉 … 適量
小茴香籽 … 2小匙

前置準備

- 將奶油切成1cm丁狀，放進冰箱冷藏備用。
- 將A放入盆中，用打蛋器快速地攪拌混合，放進冰箱冷藏15分鐘左右。

作法

1. 將奶油丁放入A的盆中，使奶油沾滿粉類。用指腹壓碎奶油，快速地搓揉混合。待奶油丁揉成紅豆大小之後，用掌心將奶油顆粒和粉類搓揉混合成粉狀。
2. 將B加入盆中，用刮刀將麵團攪拌成滑順均勻的狀態後，整理成一團。
3. 用兩張30cm的方形烘焙紙將麵團夾起，接著用擀麵棍將麵團擀成5mm厚。放進冰箱中冷藏1小時以上。
4. 用毛刷在麵皮表面塗上一層水，撒上咖哩粉、小茴香籽。蓋上烘焙紙，放上砧板快速地輕壓。
5. 將邊緣切齊，麵皮分切成3cm大的正方形。將麵團排列在鋪了烘焙紙的烤盤上，放入預熱至160℃的烤箱中烘烤25～30分鐘。連同烤盤一起放在冷卻架上放涼。

160℃ 25～30分鐘

鹹乳酪脆餅變化版

山椒櫻花蝦乳酪脆餅

以麻辣的山椒搭配鹹香的櫻花蝦。
很受不愛吃甜的人歡迎。

材料（約3cm的正方形18～20個份）

A 低筋麵粉 … 80g
高筋麵粉 … 20g
山椒粉 … 1小匙
起司粉 … 15g
細砂糖 … 10g
鹽 … 1/3小匙
胡椒 … 少許

無鹽奶油 … 50g

B 蛋液 … 15g
原味優格 … 15g

海苔粉 … 適量
櫻花蝦 … 40g

前置準備

- 將奶油切成1cm丁狀，放進冰箱冷藏備用。
- 將**A**放入盆中，用打蛋器快速地攪拌混合，放進冰箱冷藏15分鐘左右。
- 櫻花蝦切成細碎狀。

作法

1. 將奶油丁放入**A**的盆中，使奶油沾滿粉類。用指腹壓碎奶油，快速地搓揉混合。待奶油丁揉成紅豆大小之後，用掌心將奶油顆粒和粉類搓揉混合成粉狀。
2. 將**B**加入盆中，用刮刀將麵團攪拌成滑順均勻的狀態後，整理成一團。
3. 用兩張30cm的方形烘焙紙將麵團夾起，接著用擀麵棍將麵團擀成5mm厚。放進冰箱中冷藏1小時以上。
4. 用毛刷在麵皮表面塗上一層水，撒上海苔粉、櫻花蝦。蓋上烘焙紙，放上砧板快速地輕壓。
5. 將邊緣切齊，麵皮分切成3cm大的正方形。將麵團排列在鋪了烘焙紙的烤盤上，放入預熱至160℃的烤箱中烘烤25～30分鐘。連同烤盤一起放在冷卻架上放涼。

PART 3

組合美味

將兩種顏色的麵團組合起來，

或是搭配糖霜、加入奶油夾心。

變換表現方式能讓口味、外觀更加多樣。

其中包括藏入籤詩的幸運籤餅，

懷舊的造型糖霜餅乾等，

增添趣味感的餅乾。

鑽石方格餅乾

我小時候曾經對雙色麵團製成的餅乾感到憧憬。兩種麵團要做到硬度、大小、形狀一樣，製作時精神要相當集中。周圍的細砂糖像鑽石一樣閃閃發亮，搭配上雙色的麵團，無論是味道或外觀都很吸引人。

180℃ 14～16分鐘

材料（約2.5cm的正方形48～50個份）

無鹽奶油 … 80g
鹽 … 1撮
糖粉 … 80g
蛋液 … 1/2個份（25g）
A 低筋麵粉 … 60g
　可可粉 … 2大匙
低筋麵粉 … 80g
細砂糖 … 適量

前置準備

・將奶油、蛋液回復至室溫。

作法

1. 將奶油及鹽放入盆中，篩入糖粉，以刮刀攪拌混合，使其融合在一起。分2～3次加入蛋液，每次加入時都用打蛋器充分攪拌混合至看不出蛋液的水分。
2. 將步驟1的奶油霜分一半到另一個盆中，將**A**混合後篩入盆中，用刮刀攪拌到沒有粉粒感。以將麵團壓到攪拌盆側面的方式混合，直到質地變得均勻滑順，再整理成一團。其餘半份奶油霜中篩入低筋麵粉，以相同的方式混合，再整理成一團。
3. 分別將兩種麵團夾在兩片30cm的方形烘焙紙中間，先用擀麵棍將麵團擀成1cm厚。連同烘焙紙將麵皮放到烤盤上，放進冰箱冷藏1小時以上。
4. 拆下上方的烘焙紙，將麵皮切成1cm寬的長條狀。兩色各取一條，用毛刷塗水，將其黏在一起。接著將兩組雙色麵團用顏色交錯的方式組合成方格狀，一樣塗水黏合。黏好之後用烘焙紙包緊輕壓，放進冰箱冷藏1小時以上。
5. 拆掉包裹的烘焙紙，用毛刷在麵團表面塗一層水，將表面沾滿細砂糖。把麵團切成1cm厚的片狀，排列在鋪了烘焙紙的烤盤上，放進預熱至180℃的烤箱中烘烤14～16分鐘。最後連同烤盤一起放在冷卻架上放涼。

因為要將雙色麵團組合在一起，所以寬度要一樣，條數也要算好。

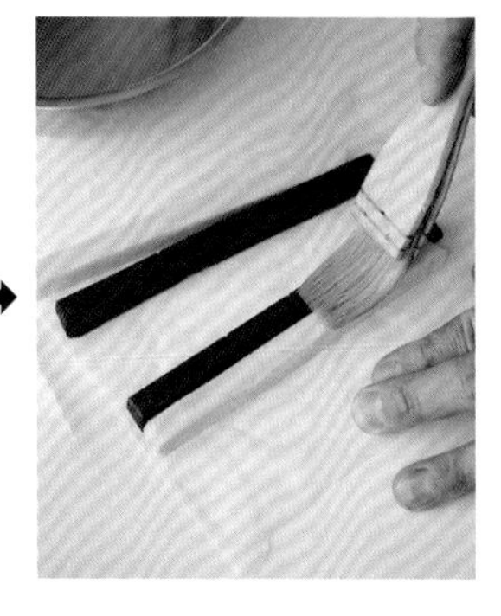

黏合時，在表面塗上一層薄薄的水，可以讓麵團黏得更牢固。

180℃ 14～16分鐘

鑽石餅乾變化版

漩渦餅乾

製作漩渦狀花紋的最大關鍵，在於捲起漩渦的起點。
請先捲好芯，再將麵團緊緊地捲起來。

材料（直徑約5cm 22～24個份）

無鹽奶油 … 80g
鹽 … 1撮
糖粉 … 80g
蛋液 … 1/2個份（25g）
A 低筋麵粉 … 60g
可可粉 … 2大匙
低筋麵粉 … 80g
細砂糖 … 適量

前置準備

・將奶油、蛋液回復至室溫。

作法

1 參照P87的步驟1～2，製作雙色麵團。分別將麵團擀成3mm厚、20cm長，再放入冰箱中冷藏1小時以上。

2 其中一片的表面塗上薄薄的水，疊上另一片麵團時往前錯開5～8mm左右，放好之後輕壓。接著往前方緊緊捲起。捲好之後用烘焙紙包好，稍微滾動之後放進冰箱冷藏1小時以上。

3 參照P87的步驟5烘烤、放涼。

疊上麵團時前後稍微錯開，將底下錯開的部分立起當作內芯，會比較好捲。

麵團和麵團之間不要有空隙，一邊輕壓，一邊緊緊地捲起。

180℃ 14～16分鐘

鑽石餅乾變化版

大理石餅乾

為了突顯深色部分，大理石餅乾的可可麵團
分量稍微少一些，看起來比例較佳。

材料（直徑約5cm 22～24個份）

無鹽奶油 … 80g
鹽 … 1撮
糖粉 … 80g
蛋液 … 1/2個份（25g）
A 低筋麵粉 … 50g
可可粉 … 1大匙
低筋麵粉 … 90g
細砂糖 … 適量

前置準備

・將奶油、蛋液回復至室溫。

作法

1. 參照P87的步驟1，將材料混合。步驟2的1/3份中加入**A**，2/3份加入低筋麵粉，製成雙色麵團。
2. 將步驟1的兩種麵團混合成大理石花紋，滾成直徑4cm、長20cm的棒狀。用烘焙紙緊緊包裹，稍微滾動之後放進冰箱冷藏1小時以上。
3. 參照P87的步驟5烘烤、放涼。

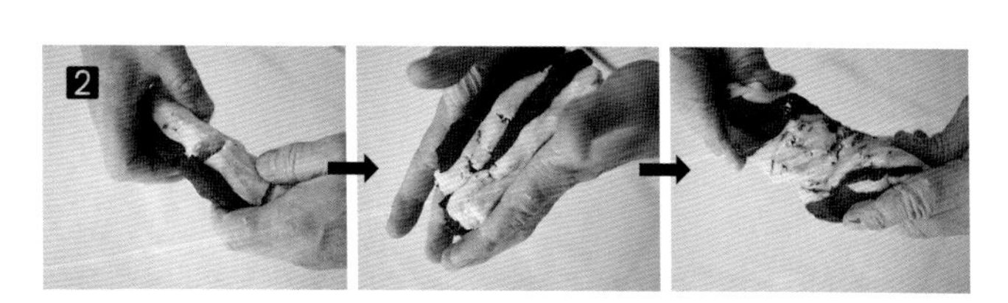

將兩種麵團滾成條狀之後疊在一起，往左右拉斷後再疊起，滾成棒狀。重複這個動作2～3次之後，旋轉其中一端，讓雙色麵團變成更複雜的大理石花紋。

貴婦之吻 香草×巧克力醬

貴婦之吻這個名字是來自於義大利文「Baci di Dama」，取名由來是因為這種點心讓優雅的貴婦也能一口吃下。不過，貴婦們抱歉啦！我覺得將餅乾滾成小圓球太麻煩了，所以做成了一大口的尺寸。想要像原版那樣做成小小的也OK。

160℃ 20～23分鐘

材料（約3.5cm大 10～12個份）

無鹽奶油…55g
杏仁粉…45g
糖粉…45g
A 低筋麵粉…90g
片栗粉（日式太白粉）…5g

巧克力醬
巧克力（片狀）…50g
無鹽奶油…15g

前置準備

・將奶油回復至室溫。

作法

1. 將奶油及杏仁粉加入盆中，篩入糖粉，以刮刀攪拌混合，使其融合在一起。
2. 將**A**混合後篩入盆中，用刮刀攪拌到沒有粉粒感。以將麵團壓到攪拌盆側面的方式混合，直到質地變得均勻滑順，再整理成一團。
3. 將麵團分成每個9～10g，快速地滾圓，放進調理盤中蓋上保鮮膜，放進冰箱中冷藏1小時以上。
4. 排列在鋪了烘焙紙的烤盤上，放進預熱至160℃的烤箱中烘烤20～23分鐘。烤好之後連同烤盤一起放在冷卻架上放涼。
5. 製作巧克力醬。拿一個小盆，將一半的巧克力剝入盆中，隔水加熱使其融化。停止加熱，剝入剩下的巧克力攪拌，利用餘溫將其融化。接著加入奶油充分地攪拌均勻。
6. 將步驟4烤好的小餅乾底部沾上巧克力醬，再用另一個小餅乾夾起來。其他的餅乾也用同樣的方式處理，接著放到烤盤上晾乾。

沾太多巧克力醬的話，夾起來的時候會溢出，需注意。

160℃ 20～23分鐘

貴婦之吻變化版

起司×乳酪醬

餅乾的鹹味搭配乳酪醬夾心的酸味，
突顯了開心果顆粒的風味。

材料（約3.5cm大 10～12個份）

無鹽奶油 … 55g
起司粉 … 30g
糖粉 … 45g
A 低筋麵粉 … 90g
片栗粉（日式太白粉）…5g
乳酪醬
奶油乳酪 … 50g
蜂蜜 … 5g
開心果 … 30g

前置準備

・將奶油回復至室溫。
・開心果切成碎粒。

作法

1 將奶油及起司粉加入盆中，篩入糖粉，以刮刀攪拌混合，使其融合在一起。 將**A**混合後篩入盆中，用刮刀攪拌到沒有粉粒感。以將麵團壓到攪拌盆側面的方式混合，直到質地變得均勻滑順，再整理成一團。

2 將麵團分成每個9～10g，快速地滾圓，放進調理盤中蓋上保鮮膜，放進冰箱中冷藏1小時以上。接著將麵團排列在鋪了烘焙紙的烤盤上，放進預熱至160℃的烤箱中烘烤20～23分鐘。烤好之後連同烤盤一起放在冷卻架上放涼。

3 製作乳酪醬。拿一個小盆，將回復至室溫的奶油乳酪及蜂蜜放入盆中，用刮刀充分地攪拌混合。

4 將步驟2烤好的小餅乾底部沾上步驟3的乳酪醬，再用另一個小餅乾夾起來。乳酪醬側面沾上開心果碎粒。其他的餅乾也用同樣的方式處理。

160℃ 20～23分鐘

貴婦之吻變化版

可可×白巧克力醬

可可口味的餅乾，
非常適合搭配香甜、奶香濃郁的夾心。

材料（約3.5cm大 10～12個份）

無鹽奶油 … 55g
杏仁粉 … 45g
糖粉 … 45g
A 低筋麵粉 … 70g
可可粉 … 15g
脫脂牛奶 … 5g

白巧克力醬
白巧克力（片狀）… 40g
無鹽奶油 … 10g

前置準備

・將奶油回復至室溫。

作法

1. 將奶油及杏仁粉加入盆中，篩入糖粉，以刮刀攪拌混合，使其融合在一起。將**A**混合後篩入盆中，用刮刀攪拌到沒有粉粒感。以將麵團壓到攪拌盆側面的方式混合，直到質地變得均勻滑順，再整理成一團。
2. 將麵團分成每個9～10g，快速地滾圓，放進調理盤中蓋上保鮮膜，放進冰箱中冷藏1小時以上。將麵團排列在鋪了烘焙紙的烤盤上，放進預熱至160℃的烤箱中烘烤20～23分鐘。烤好之後連同烤盤一起放在冷卻架上放涼。
3. 製作白巧克力醬。拿一個小盆，將一半的白巧克力剝入盆中，隔水加熱使其融化。停止加熱，剝入剩下的巧克力攪拌，利用餘溫將其融化。接著加入奶油充分地攪拌均勻。
4. 將步驟2烤好的小餅乾底部沾上步驟3的白巧克力醬，再用另一個小餅乾夾起來。其他的餅乾也用同樣的方式處理，接著放到烤盤上晾乾。

MEMO 加入少量的脫脂牛奶，可以在可可餅乾中增添一些奶香。沒有的話，不加也OK。

造型糖霜餅乾

在英國，這種餅乾叫做幼兒園餅乾。硬脆的餅乾加上甜甜的糖霜，形狀也很可愛，讓人覺得有點懷舊又雀躍。糖霜是利用材料天然的顏色和味道製成的。

170℃ 15～18分鐘

材料（3～4cm大的模具 30～35個份）

A 玄米油 … 20g
蛋液 … 1/2個份（25g）
牛奶 … 1大匙

B 低筋麵粉 … 120g
高筋麵粉 … 30g
片栗粉（日式太白粉）… 15g
脫脂牛奶 … 10g
泡打粉 … 1/2小匙
細砂糖 … 45g
鹽 … 1撮

牛奶 … 適量

糖霜

檸檬
糖粉 … 50g
檸檬汁 … 略少於2小匙

覆盆莓
糖粉 … 50g
覆盆莓（冷凍，解凍後壓碎再用篩網壓成泥狀）… 25g

抹茶
糖粉 … 50g
抹茶 … 1小匙
水 … 2小匙

作法

1. 將**A**放入盆中，用打蛋器攪拌至出現黏稠感。接著將**B**用網目較粗的篩子篩入盆中，用刮刀攪拌到沒有粉粒感，再整理成一團。
2. 將麵團夾在兩片30cm的方形烘焙紙中間，先用擀麵棍將麵團擀成3mm厚。拆下上方的烘焙紙，用模具壓出造型。
3. 將麵團排列在鋪了烘焙紙的烤盤上，用毛刷在麵團表面塗上薄薄的牛奶，放進預熱至170℃的烤箱中烘烤15～18分鐘。烤好之後連同烤盤一起放在冷卻架上放涼。
4. 將糖霜的材料分別混合。將步驟3的餅乾表面沾上糖霜，放回烤盤上，靜置2小時左右，待其完全晾乾。

多沾一點糖霜，最後糖霜會有點鼓起，看起來比較可愛。

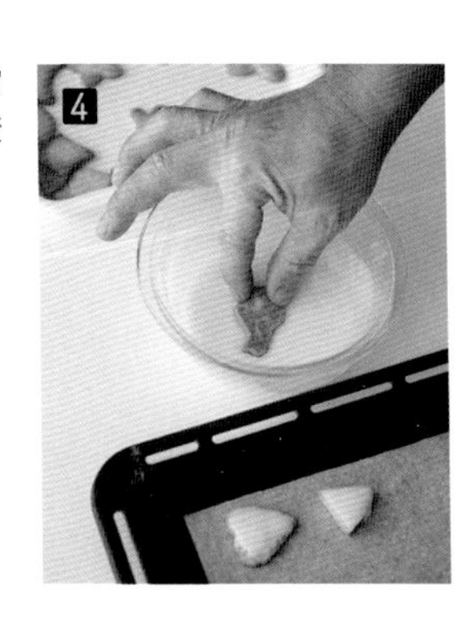

果醬夾心餅乾

製作果醬夾心餅乾時，必須考慮到餅乾和果醬之間的平衡。對我來說，餅乾是一定要考慮的要素。太硬的話就沒辦法和果醬在口中融為一體；太軟的話，口感又會被果醬的味道蓋過。因此，我想出了一種表面硬脆，咬下後會發現其實很酥脆的最佳餅乾配方。

170℃ 10～14分鐘

材料

（直徑5cm花形模具 9～10個份
＋直徑3cm花形模具 4～5個份）

無鹽奶油 … 60g
鹽 … 1撮
糖粉 … 30g
杏仁粉 … 10g
牛奶 … 1/2小匙
蛋液 … 1/2個份（25g）

A 低筋麵粉 … 80g
高筋麵粉 … 20g
肉桂粉 … 1/2小匙
泡打粉 … 1撮

B 覆盆莓果醬 … 80g
櫻桃白蘭地（或檸檬汁）… 1大匙
細砂糖 … 15g

前置準備

・將奶油、蛋液回復至室溫。

作法

1. 將奶油及鹽放入盆中，篩入糖粉，以刮刀攪拌混合，使其融合在一起。接著加入杏仁粉、牛奶，分2～3次加入蛋液，每次加入時都用打蛋器充分攪拌混合至看不出蛋液的水分。
2. 將**A**混合後篩入盆中，用刮刀攪拌到沒有粉粒感。以將麵團壓到攪拌盆側面的方式混合，直到質地變得均勻滑順，再整理成一團。
3. 將麵團夾在兩片30cm的方形烘焙紙中間，先用擀麵棍將麵團擀成3mm厚。連同烘焙紙將麵皮放到烤盤上，放進冰箱冷藏1小時以上。
4. 拆下上方的烘焙紙，先用直徑5cm的模具壓製形狀。壓好的麵團取一半在中心再用直徑3cm的模具壓製。將壓好的麵團排列在鋪了烘焙紙的烤盤上，放進預熱至170℃的烤箱中烘烤10～14分鐘。烤好之後連同烤盤一起放在冷卻架上放涼。

   ＊花環狀的餅乾和直徑3cm的餅乾會較快烤熟，烘烤大約8分鐘、餅乾烤成漂亮的金黃色時，就可以先用鍋鏟取出。

5. 將**B**放入小鍋子中，用刮刀攪拌，以中火加熱。煮滾後轉成小火，繼續煮1分30秒～2分鐘，煮出濃稠感。
6. 趁步驟5的果醬還是熱的時候，放1小匙在直徑5cm的餅乾表面，接著放上環狀的餅乾輕壓。直徑3cm的餅乾取一半放上果醬，用剩餘的餅乾夾起來，置於室溫中放涼。

有直徑5cm、環狀、直徑3cm這3個種類的餅乾。直徑5cm和環狀的為一組，直徑3cm的則是兩個為一組。可以做出兩種不同大小的果醬夾心餅乾。

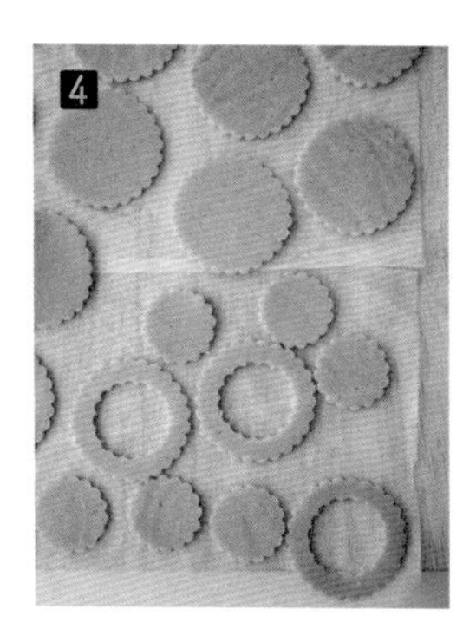

果醬涼掉就會變硬，因此要趁熱放到餅乾上，接著靜置，待其凝固。

巧克力裂紋餅乾

裹上糖粉後烘烤出獨特的外觀。或許長得有點奇怪，不過薄脆的外皮中露出鬆軟的餅乾，非常好吃唷！雖然是用完全不同的配方製成，但是吃起來就像小小的巧克力蛋糕。裹在外層的糖粉換成細砂糖，也能做出好吃的裂紋餅乾。

170℃ 10～12分鐘

材料（約3.5cm大 16～18個份）

無鹽奶油 … 30g
細砂糖 … 30g
鹽 … 1撮
巧克力（片狀）… 50g
即溶咖啡（粉狀）… 1小匙
蛋液 … 1/2個份（25g）
A 低筋麵粉 … 30g
可可粉 … 15g
肉桂粉（有的話）… 少許
泡打粉 … 1/2小匙
小蘇打粉 … 1撮
糖粉 … 適量

前置準備

- 將奶油、蛋液回復至室溫。
- 拿一個小盆，將一半的巧克力剝入盆中，隔水加熱使其融化。停止加熱，剝入剩下的巧克力攪拌，利用餘溫將其融化。

作法

1. 將奶油及細砂糖、鹽加入盆中，以打蛋器攪拌混合，接著加入融化的巧克力、即溶咖啡粉、蛋液繼續攪拌混合。
2. 將A混合後篩入盆中，用刮刀攪拌到沒有粉粒感。
3. 將麵團分成每個9～10g，快速地滾圓，放進調理盤中蓋上保鮮膜，放進冰箱中冷藏15分鐘以上。
4. 用噴霧器將麵團表面稍微噴溼，放入加了糖粉的調理盤中搖晃，使其裹滿糖粉。
5. 排列在鋪了烘焙紙的烤盤上，放進預熱至170℃的烤箱中烘烤10～12分鐘。烤好之後連同烤盤一起放在冷卻架上放涼。

為了確實地裹上糖粉，要先將麵團表面噴濕。沾裹糖粉時，放入調理盤中滾動不僅不會沾手，也能輕鬆地沾裹均勻。

香料餅乾

以比利時及法國北部有名的蓮花脆餅為原型而調整出來的配方。舒心的口感、香料帶來的後味及美味在口中持續發散，是我最喜歡的餅乾之一。靜置麵團時，盡可能將時間稍微拉長、讓香料入味，就能烤出更美味的餅乾。

170℃ 12～15分鐘

材料（直徑5cm圓形模具 18～20個份）

無鹽奶油 … 65g
二砂 … 40g
蜂蜜 … 5g
鹽 … 1撮
蛋黃 … 1個份
牛奶 … 1小匙
A 低筋麵粉、高筋麵粉 … 各80g
肉桂粉 … 1/4小匙
丁香、肉豆蔻、薑、
大茴香（皆為粉末）… 各少許
（或是只單獨加肉桂粉1/2小匙）
手粉 … 適量

前置準備

・將奶油回復至室溫。

作法

1 將奶油、二砂、蜂蜜及鹽放入盆中，以刮刀攪拌混合，使其融合在一起。接著加入蛋黃及牛奶，用打蛋器充分攪拌混合至看不出水分。

2 將**A**混合後篩入盆中，用刮刀攪拌到沒有粉粒感。以將麵團壓到攪拌盆側面的方式混合，直到質地變得均勻滑順，再整理成一團。

3 將麵團夾在兩片30cm的方形烘焙紙中間，用擀麵棍將麵團擀成3mm厚。連同烘焙紙將麵皮放到烤盤上，放進冰箱冷藏1小時以上。

4 拆下上方的烘焙紙，用模具壓製形狀。將壓好的麵團排列在鋪了烘焙紙的烤盤上，用茶篩撒上手粉，再用壓花模具壓出花紋

5 放進預熱至170℃的烤箱中烘烤12～15分鐘。烤好之後連同烤盤一起放在冷卻架上放涼。

為了讓麵團不會黏在壓花模具上，要撒點手粉再壓製花紋。

流心巧克力餅乾

美國的餅乾有時會超乎我的想像。這款以柔軟的餅乾麵團包入棉花糖烘烤製成的餅乾也是，「不容易吃，但是很美味！」。碎開的餅乾中露出飽滿的棉花糖……想要優雅地吃這種餅乾是不可能的。不過我還是很喜歡。

180℃ 10～12分鐘

材料（直徑約10cm 5個份）

無鹽奶油 … 70g
細砂糖 … 50g
鹽 … 1撮
蛋液 … 1/2個份（25g）
A 低筋麵粉 … 100g
可可粉 … 15g
泡打粉 … 1/2小匙
巧克力 … 50g
棉花糖 … 10個

前置準備

- 將巧克力切成細碎狀。
- 將奶油切成2cm丁狀。
- 準備隔水加熱要用的熱水（約50℃，加熱時鍋底冒出氣泡的程度）。

作法

1 將1/3分量的奶油放入攪拌盆中，以隔水加熱的方式融化。接著加入剩餘的奶油，停止隔水加熱，用打蛋器攪拌成糊狀。

＊奶油最好介於融化和還沒融化之間。若用澄清的融化奶油製作，吃起來會太油膩。
＊若加入泡打粉時奶油還是熱的，泡打粉就會開始膨脹，因此奶油要早點停止加熱。

2 加入細砂糖、鹽之後繼續攪拌。

＊不用攪拌砂糖到完全融化，維持在有顆粒感的狀態就好。

3 分2～3次加入蛋液，每次加入時都用打蛋器充分攪拌混合至看不出蛋液的水分。

4 將混合好的**A**篩入盆中，用刮刀攪拌至沒有粉粒感。將麵團蓋上保鮮膜，放進冰箱中冷藏靜置30分鐘以上。

5 將麵團分成5等分，攤在手掌上，包入均分的棉花糖。包好之後，再壓上均分的巧克力。輕壓之後放到調理盤中，蓋上保鮮膜，再放進冰箱中冷藏靜置30分鐘以上。

＊馬上烘烤的話，棉花糖會完全融化，不會有白色部分。

6 將包裹的封口處朝上，放在鋪好烘焙紙的烤盤上，放入預熱至180℃的烤箱中烘烤10～12分鐘。烤好之後連同烤盤一起放在冷卻架上放涼。

將棉花糖放在麵團上，由下往上包起來。封口處不用捏緊，放上巧克力壓一下就OK。

幸運籤餅

在中華料理店，飯後會拿到的幸運籤餅，主要目的雖然是裡面的籤詩，但是我一直在想要怎麼讓外面的餅乾變得更好吃。試著做做看之後，就用杏仁瓦片的配方做出美味的幸運籤餅了。可以當作禮物送人哦！

190℃ 10～12分鐘

材料（約4cm大 約20個份）

蛋白 … 60g
鮮奶油 … 50g
細砂糖 … 50g
低筋麵粉 … 60g
杏仁粉 … 5g
杏仁精（有的話）… 少許

前置準備

- 在長5cm、寬1cm的紙條上（建議用不吸油的蠟紙）寫上籤詩內容，寫字面朝內對折成細長形。

作法

1. 將蛋白、鮮奶油放入盆中，以打蛋器攪拌均勻。加入細砂糖繼續攪拌混合。
   ＊不用打發，只要蛋白表面有冒出白色泡泡就OK。
2. 用網目較粗的篩子將低筋麵粉及杏仁粉篩入盆中，以刮刀攪拌至沒有粉粒感。接著加入杏仁精攪拌混合，蓋上保鮮膜，放入冰箱中冷藏15分鐘以上。
3. 在烤盤上鋪上烘焙紙，用毛刷塗上一層薄薄的沙拉油（分量外）。用湯匙撈1大匙麵糊，倒在烤盤上，用湯匙背面將麵糊延展成直徑7～8cm。
4. 放入預熱至190℃的烤箱中烘烤10～12分鐘，烤至表面乾燥、邊緣帶烤色的程度。
   ＊若有餅乾還沒烤上色，可以先把有上色的餅乾取出，其餘繼續烤1～2分鐘。
5. 將烤盤取出，用鍋鏟將每片餅乾移到砧板上。趁餅乾還是溫熱的時候，在中心放上寫了籤詩的紙條後對折。接著將左右兩端彎起，放入紙製的蛋盒中冷卻定型。
   ＊很燙，可以戴著手套製作。

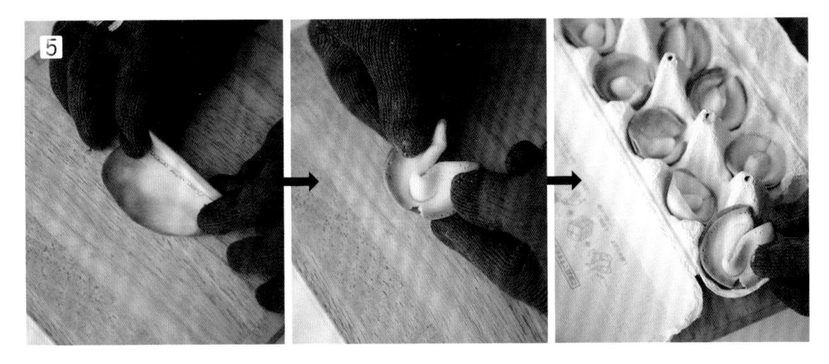

餅乾涼了就會變硬，動作要快。冷卻定型時，用布丁杯或是豬口杯也OK。

牛奶餅乾

覺得好像在哪裡吃過……？沒錯，這就是大家心裡想的那個牛奶餅乾。奶油中加入少量植物油，稍微降低奶油的風味，讓口味更清淡溫和。在口中緩緩碎開的質感來自於片栗粉。表面的孔洞可以隨意做成喜歡的花紋，盡情享受製作過程。

180℃ 18～20分鐘

材料（直徑5cm花形模具 13～15個份）

無鹽奶油…30g
玄米油…10g
鹽…1撮
糖粉…20g
牛奶…1大匙
A 低筋麵粉…60g
片栗粉（日式太白粉）…40g
脫脂牛奶…10g
泡打粉…1撮

前置準備

・將奶油回復至室溫。

作法

1. 將奶油、玄米油、鹽加入盆中，以打蛋器充分攪拌。糖粉篩入盆中繼續攪拌。分2次加入牛奶，每次加入都攪拌均勻。
2. 將**A**混合篩入盆中，以刮刀攪拌至沒有粉粒感為止。
3. 將麵團夾在兩片30cm的方形烘焙紙中間，用擀麵棍將麵團擀成3mm厚。連同烘焙紙將麵皮放到烤盤上，放進冰箱冷藏1小時以上。
4. 拆下上方的烘焙紙，用模具壓製形狀。將壓好的麵團排列在鋪了烘焙紙的烤盤上，用叉子在餅乾2～3處戳洞。
5. 放進預熱至180℃的烤箱中烘烤18～20分鐘。烤好之後連同烤盤一起放在冷卻架上放涼。

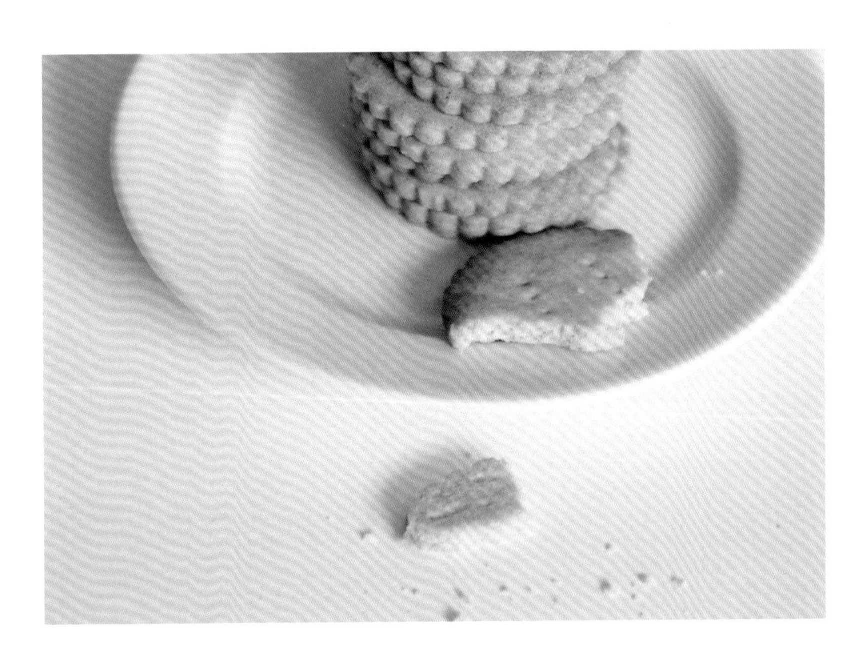

180℃ 18～20分鐘

牛奶餅乾變化版

薄荷餅乾

帶有奶香的餅乾中加入清爽的薄荷味，讓香氣變得更溫和。
茶包中的薄荷很容易取得。

材料（4.5cm方形模具 13～15個份）

無鹽奶油 … 30g
玄米油 … 10g
鹽 … 1撮
糖粉 … 20g
乾燥薄荷 … 1個茶包份（約2g）
牛奶 … 4小匙
A 低筋麵粉 … 60g
片栗粉（日式太白粉）… 40g
脫脂牛奶 … 15g
泡打粉 … 1撮

前置準備

・將奶油回復至室溫。

作法

1. 將奶油、玄米油、鹽加入盆中，以打蛋器充分攪拌。將糖粉篩入盆中，繼續攪拌。分2次加入薄荷及牛奶，每次加入時都要攪拌均勻。接著將A混合篩入盆中，以刮刀攪拌至沒有粉粒感。
2. 將麵團夾在兩片30cm的方形烘焙紙中間，用擀麵棍將麵團擀成3mm厚。連同烘焙紙將麵皮放到烤盤上，放進冰箱冷藏1小時以上。
3. 拆下上方的烘焙紙，用模具壓製形狀。將壓好的麵團排列在鋪了烘焙紙的烤盤上，並用叉子在餅乾2～3處戳洞。放進預熱至180℃的烤箱中烘烤18～20分鐘。烤好之後連同烤盤一起放在冷卻架上放涼。

PART 4

特殊餅乾

熟悉餅乾的製作方法之後，

可以嘗試一些比較複雜卻令人憧憬的食譜。

完成後的成就感也是美味的調味料！

這些餅乾都很適合當作禮物送人。

包括很受歡迎的布列塔尼酥餅，

以及用蛋白作為基底的馬林糖等等。

檸檬莎布蕾

這是我在學徒時期學到的食譜。濃郁的奶油餅乾、飽滿香甜的果醬，和帶酸味的糖霜形成絕妙的對比。因為有果醬和糖霜兩層外皮所以稍微費工，但是一旦嚐過這樣的美味就不會覺得麻煩，果醬外皮也可以幫助餅乾預防受潮。請一定要挑戰看看這款餅乾！

180℃ 12～14分鐘

材料（7cm大的檸檬形模具 10～12個份）

奶油 … 60g
鹽 … 1撮
糖粉 … 60g
杏仁粉 … 10g
香草精 … 1～2滴
蛋液 … 1/2個份（25g）
A 低筋麵粉 … 80g
高筋麵粉 … 60g
泡打粉 … 1撮
杏桃果醬 … 70g
糖霜
糖粉 … 50g
檸檬汁 … 2小匙

前置準備

・將奶油、蛋液回復至室溫。

作法

1. 將奶油及鹽放入盆中，篩入糖粉，以刮刀攪拌混合，使其融合在一起。接著加入杏仁粉、香草精，蛋液分2～3次加入，每次加入時都用打蛋器充分攪拌混合至看不出蛋液的水分。
2. 將A混合後篩入盆中，用刮刀攪拌到沒有粉粒感。以將麵團壓到攪拌盆側面的方式混合，直到質地變得均勻滑順，再整理成一團。
3. 將麵團夾在兩片30cm的方形烘焙紙中間，用擀麵棍將麵團擀成3mm厚。連同烘焙紙將麵皮放到烤盤上，放進冰箱冷藏1小時以上。
4. 拆下上方的烘焙紙，用模具壓製形狀，壓好的麵團排列在鋪了烘焙紙的烤盤上，放進預熱至180℃的烤箱中烘烤12～14分鐘。烤好之後連同烤盤一起放在冷卻架上放涼。
5. 將果醬放入小鍋子中，以中火加熱。一邊煮一邊用刮刀攪拌，煮滾後轉成小火，再煮1分鐘左右，煮出濃稠感。趁熱以毛刷塗一層薄薄的果醬在步驟4的餅乾上，放到冷卻架上靜置15～20分鐘，直到表面乾燥。
6. 混合糖霜的材料，在果醬層上方塗上薄薄的糖霜，再排列到鋪了烘焙紙的烤盤上。
7. 放進預熱至220℃的烤箱中烘烤50～60秒，烤好後馬上取出。連同烤盤一起放在冷卻架上放涼，待表面乾燥。

在表面塗上杏桃果醬塗層，不僅可以增添杏桃風味，塗層也有助於防止受潮。

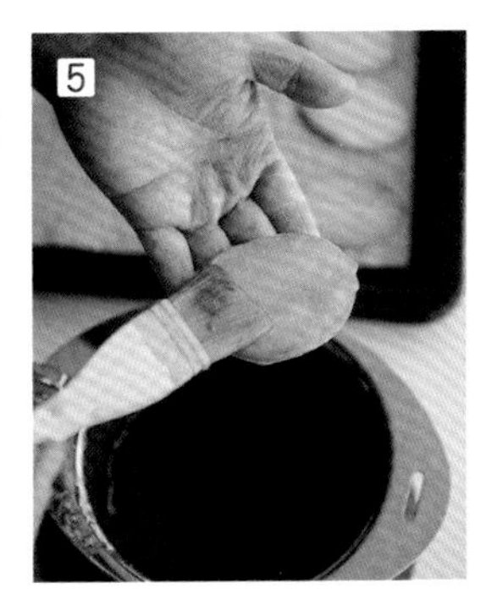

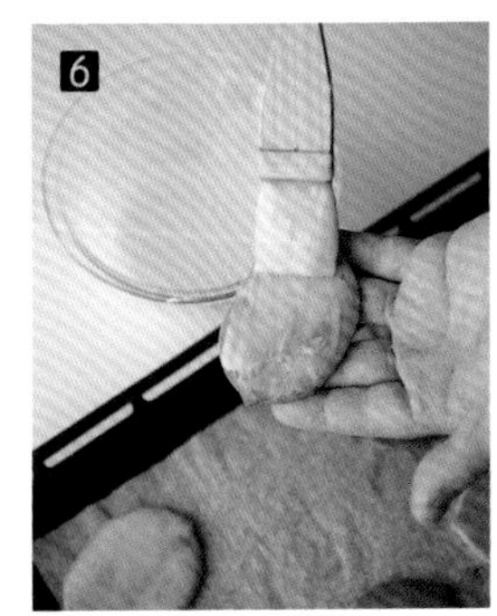

蘭姆葡萄夾心餅

第一次吃到這種餅乾的時候，不禁讚嘆：「冰的餅乾竟然可以這麼好吃！」餅乾特別做得稍微硬一點，存在感才不會輸給濃郁的奶油夾心和葡萄乾。不過，只要是夾心餅乾，無論烤再多，最後都只有一半的數量，總覺得有一點不滿足……。

180℃ 12～14分鐘

材料（3×5cm長方形模具 15～16個份）

無鹽奶油 … 70g
鹽 … 1撮
糖粉 … 70g
杏仁粉 … 10g
香草精 … 1～2滴
蛋黃 … 1個份
蛋液 … 1/2個份（25g）
A 低筋麵粉 … 120g
高筋麵粉 … 30g
脫脂牛奶 … 5g
泡打粉 … 1撮
蛋液（裝飾用）… 適量

奶油夾心

白巧克力（片狀）… 30g
無鹽奶油 … 50g

蘭姆葡萄乾（市售）… 50g

前置準備

・將奶油、蛋黃、蛋液回復至室溫。

作法

1 將奶油及鹽放入盆中，篩入糖粉，以刮刀攪拌混合，使其融合在一起。加入杏仁粉、香草精、蛋黃，分2～3次加入蛋液，每次加入時都用打蛋器充分攪拌混合，直到看不見蛋液的水分。

2 將**A**混合後篩入盆中，用刮刀攪拌到沒有粉粒感。以將麵團壓到攪拌盆側面的方式混合，直到質地變得均勻滑順，再整理成一團。

3 將麵團夾在兩片30cm的方形烘焙紙中間，用擀麵棍將麵團擀成3mm厚。連同烘焙紙將麵皮放到烤盤上，放進冰箱冷藏1小時以上。

4 拆下上方的烘焙紙，用模具壓製形狀，壓好的麵團排列在鋪了烘焙紙的烤盤上，用毛刷在表面塗上薄薄的蛋液，放進預熱至180℃的烤箱中烘烤12～14分鐘。烤好之後連同烤盤一起放在冷卻架上放涼。

5 製作奶油夾心。拿一個小盆，將一半的白巧克力剝入盆中，隔水加熱使其融化。停止加熱，剝入剩下的白巧克力攪拌，用打蛋器攪拌至融化。靜置直到盆底感覺不到熱度，加入回復至室溫的奶油，以打蛋器充分地攪拌成霜狀。

6 在步驟4烤好的餅乾內側放上均分的奶油霜，其中半數的餅乾每片放上6～8顆瀝乾的蘭姆葡萄乾，再用其餘的餅乾夾起來，放進冰箱中冷藏30分鐘左右。

兩片餅乾都要塗上奶油夾心，才不會受潮。蘭姆葡萄乾也要確實地瀝乾。

MEMO 如果想要自製蘭姆葡萄乾，可以將葡萄乾水煮1分鐘，再將水分確實瀝乾，塞入瓶中，倒入可以蓋過葡萄乾的蘭姆酒，在室溫中靜置1週左右。

加里波帝餅乾

19世紀誕生於英國的餅乾。當時想將果乾加入餅乾中，但是經常烤焦，變得又乾又硬，因此就發展出將果乾夾在麵團裡，以蓋住果乾的方式烘烤，避免直接受熱的方法，讓人不禁佩服古人的智慧。是不是很像某種點心呢？對，就是你們想的那種點心的原型哦！

180℃ 12～14分鐘

材料（5cm的正方形 13～15個份）

A 全麥麵粉（點心用）… 30g
高筋麵粉 … 30g
泡打粉 … 1/2小匙
細砂糖 … 15g
鹽 … 1撮

無鹽奶油 … 15g
牛奶 … 4小匙
葡萄乾 … 30g

前置準備

- 將奶油切成1cm丁狀，放進冰箱冷藏備用。
- 將**A**放入盆中用打蛋器快速混合，放進冰箱冷藏15分鐘左右。
- 葡萄乾對半切開。

作法

1. 將奶油丁放入**A**的盆中，使奶油沾滿粉類。用指腹壓碎奶油，快速地搓揉混合，把奶油丁揉成紅豆大小。
2. 用掌心將奶油顆粒和粉類搓揉混合成粉狀。
3. 加入牛奶，用刮刀將麵團攪拌均勻，接著將麵團壓在攪拌盆側面刮拌混合，攪拌成滑順均勻的狀態後，整理成一團。
4. 用兩張30cm的方形烘焙紙將麵團夾起，接著用擀麵棍將麵團擀成20×30cm左右的長方形。拆下上方的烘焙紙，在靠近身體側的麵皮上撒上半邊葡萄乾，再從對側對折過來。
5. 再次蓋上烘焙紙，用擀麵棍從對側往身體側輕輕地滾動，壓出多餘的空氣。繼續輕輕擀壓，使麵皮黏合。
6. 用刀子將麵皮切成邊長5cm的正方形，排列在鋪了烘焙紙的烤盤上，放進預熱至180℃的烤箱中烘烤12～14分鐘。連同烤盤一起放在冷卻架上放涼。

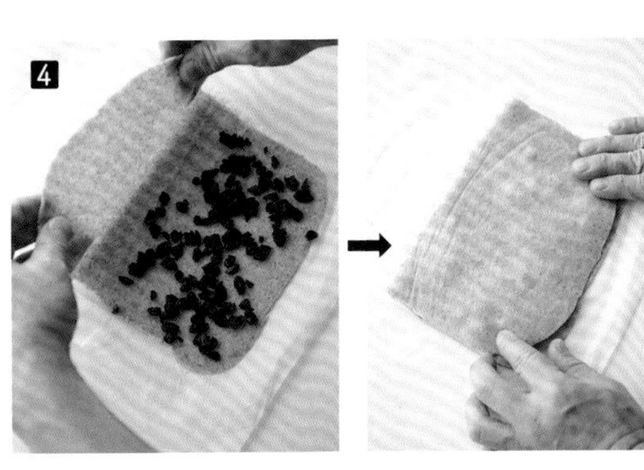

將葡萄乾鋪滿半邊麵皮，再把麵皮對折，將葡萄乾夾在中間。

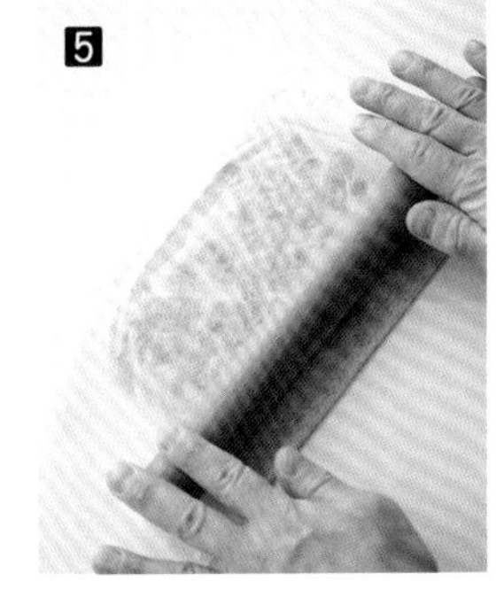

用擀麵棍滾壓，使葡萄乾及麵皮貼合。

180℃ 12～14分鐘

加里波帝餅乾變化版

巧克力豆餅乾

在可可餅乾中加入大量的巧克力絕對不會錯。
夾入切碎的巧克力片也OK。

材料（約5cm的正方形 13～15個份）

A 全麥麵粉（點心用）⋯ 30g
  高筋麵粉 ⋯ 30g
  可可粉 ⋯ 10g
  泡打粉 ⋯ 1/2小匙
  細砂糖 ⋯ 20g
  鹽 ⋯ 1撮
無鹽奶油 ⋯ 20g
牛奶 ⋯ 5小匙
巧克力豆 ⋯ 50g

前置準備

- 將奶油切成1cm丁狀，放進冰箱冷藏備用。
- 將**A**放入盆中用打蛋器快速混合，放進冰箱冷藏15分鐘左右。

作法

1. 將奶油丁放入**A**的盆中，使奶油沾滿粉類。用指腹壓碎奶油，快速地搓揉混合。待奶油丁揉成紅豆大小，用掌心將奶油顆粒和粉類搓揉混合成粉狀。
2. 加入牛奶，用刮刀將麵團攪拌均勻，接著將麵團壓在攪拌盆側面刮拌混合，攪拌成滑順均勻的狀態後，整理成一團。
3. 用兩張30cm的方形烘焙紙將麵團夾起，接著用擀麵棍將麵團擀成20×30cm左右的長方形。拆下上方的烘焙紙，在靠近身體側的麵皮上撒上半邊巧克力豆，再從對側對折過來。再次蓋上烘焙紙，用擀麵棍輕輕地滾動，壓出多餘的空氣。
4. 用刀子將麵皮切成邊長5cm的正方形，排列在鋪了烘焙紙的烤盤上，放進預熱至180℃的烤箱中烘烤12～14分鐘。連同烤盤一起放在冷卻架上放涼。

180℃ 12～14分鐘

加里波帝餅乾變化版

甘納豆餅乾

奶油和全麥麵粉恰到好處的香氣，
襯托出甘納豆的甜味。

材料（約5cm的正方形13～15個份）

A 全麥麵粉（點心用）… 30g
　高筋麵粉 … 20g
　黃豆粉 … 5g
　泡打粉 … 1/2小匙
　二砂 … 20g
　鹽 … 1撮
無鹽奶油 … 15g
牛奶 … 4小匙
甘納豆 … 30g

前置準備

- 將奶油切成1cm丁狀，放進冰箱冷藏備用。
- 將**A**放入盆中用打蛋器快速混合，放進冰箱冷藏15分鐘左右。
- 甘納豆切成粗碎粒。

作法

1. 將奶油丁放入**A**的盆中，使奶油沾滿粉類。用指腹壓碎奶油，快速地搓揉混合。待奶油丁揉成紅豆大小。用掌心將奶油顆粒和粉類搓揉混合成粉狀。
2. 加入牛奶，用刮刀將麵團攪拌均勻，接著將麵團壓在攪拌盆側面刮拌混合，攪拌成滑順均勻的狀態後，整理成一團。
3. 用兩張30cm的方形烘焙紙將麵團夾起，接著用擀麵棍將麵團擀成20×30cm左右的長方形。拆下上方的烘焙紙，在靠近身體側的麵皮上撒上半邊甘納豆碎粒，再從對側對折過來。再次蓋上烘焙紙，用擀麵棍輕輕地滾動，壓出多餘的空氣。
4. 用刀子將麵皮切成邊長5cm的正方形，排列在鋪了烘焙紙的烤盤上，放進預熱至180℃的烤箱中烘烤12～14分鐘。連同烤盤一起放在冷卻架上放涼。

布列塔尼酥餅

這款餅乾的製作重點在於儘管入口鬆脆，卻依舊保有濕潤的質地。所以要使用大量的奶油。在麵團成形前如果沒有確實地冷藏，就會因沾黏而無法漂亮地成形。烘烤時也會因擴散而變得不太好看，需要用環狀模具圈住，烤出有厚度的酥餅。

180℃ 30～33分鐘

材料（直徑5cm圓形模具 9～10個份）

無鹽奶油 … 100g
鹽 … 1撮
糖粉 … 60g
蛋黃 … 1個份
香草精 … 少許
蘭姆酒 … 1小匙
A 低筋麵粉 … 90g
高筋麵粉 … 10g
泡打粉 … 1撮
蛋液（裝飾用）、咖啡液 … 各適量

前置準備

- 將奶油回復至室溫。
- 將咖啡液加入蛋液中混合（參照P55）。

作法

1. 將奶油及鹽放入盆中，篩入糖粉，以刮刀攪拌混合，使其融合在一起。接著加入蛋黃、香草精、蘭姆酒，用打蛋器充分攪拌混合至看不出蛋黃的水分。
2. 將**A**混合後篩入盆中，用刮刀攪拌到沒有粉粒感。以將麵團壓到攪拌盆側面的方式混合，直到質地變得均勻滑順，再整理成一團。
3. 將麵團夾在兩片30cm的方形烘焙紙中間，用擀麵棍將麵團擀成1cm厚。連同烘焙紙將麵皮放到烤盤上，放進冰箱冷藏靜置1個晚上。

   ＊因為是奶油比例較高的麵皮，要確實地冷藏靜置，讓麵皮處於穩定不會沾黏的狀態，才好壓模。
4. 拆下上方的烘焙紙，用直徑5～5.5cm的模具壓製形狀。壓好的麵團排列在鋪了烘焙紙的烤盤上，用毛刷在表面塗上薄薄的蛋液，再放入冰箱中冷藏30分鐘以上。
5. 再次塗上蛋液，用竹籤描繪花紋，再用直徑5.5～6cm的環型模具框住，放進預熱至180℃的烤箱中烘烤30～33分鐘。
6. 烤好之後連同烤盤一起放在冷卻架上，不燙時就可以用刀子插入模具側邊將餅乾脫模，放到冷卻架上放涼。

為了不讓麵團往橫向發展並維持高度，所以用了比麵團還大上一圈的模具烘烤。放在市售的酥餅鋁箔杯中烘烤也OK。

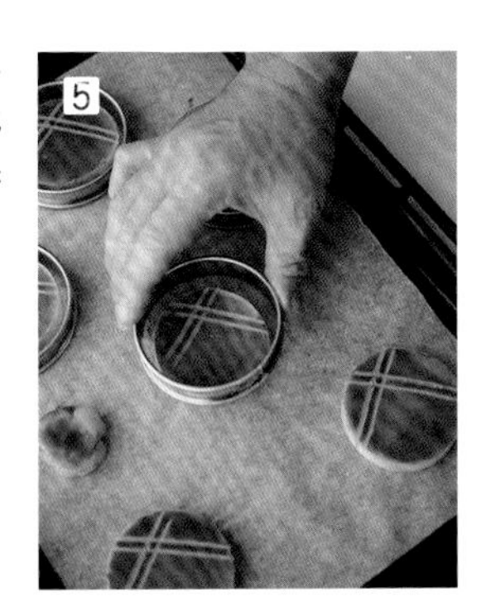

檸檬馬林糖

入口即化的馬林糖有各式各樣的作法，我選擇用蛋白加熱打發的方式，是最穩定的方法，成品也很酥脆，我很喜歡。想要維持蛋白霜中的氣泡，從完成到送入烤箱中烘烤的這段時間是成敗關鍵。製作時要以穩定、流暢的速度進行。

100℃ 140～150分鐘

材料（約3cm大 30～35個份）

蛋白 … 40g
檸檬汁 … 2小匙
細砂糖 … 30g
A 糖粉 … 30g
　玉米澱粉 … 1小匙
檸檬皮屑 … 1個份

前置準備

- 準備隔水加熱用的熱水。
- 將擠花袋裝上圓形花嘴（10mm），袋內的花嘴根部先用夾子夾起來。

作法

1. 將蛋白、檸檬汁、細砂糖加入盆中，盆底以熱水加溫，一邊加熱一邊用打蛋器攪拌，使溫度上升至55～60℃。
   ＊55～60℃是將手指放進去會覺得有點熱的溫度。
2. 停止隔水加熱，用手持電動打蛋器以高速攪拌3分鐘。待蛋白霜變成濃密的泡沫狀時再切換成低速，繼續攪拌2分鐘，使質地變滑順。
3. 將**A**混合後篩入盆中，以切拌的方式攪拌混合至沒有粉粒感。加入檸檬皮屑，快速地攪拌混合。
4. 將蛋白霜填入擠花袋中，取下夾子，在鋪了烘焙紙的烤盤上擠出2～3cm大的蛋白霜。
5. 放進預熱至100℃的烤箱中烘烤140～150分鐘，烤好之後再連同烤盤一起放在冷卻架上放涼。

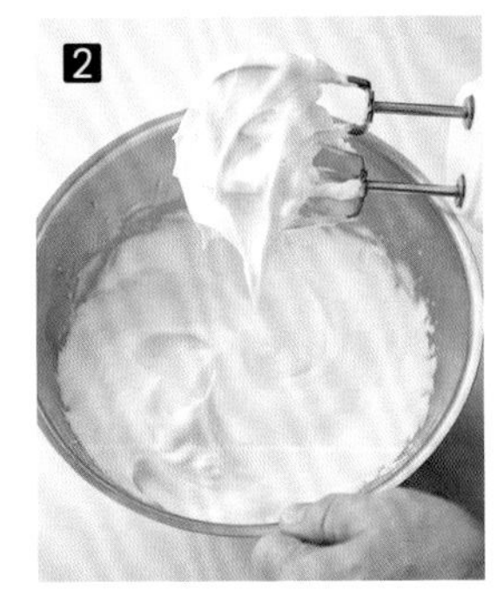

蛋白霜要打到出現光澤，撈起也不掉落的程度。

加入**A**後，要用切拌的方式混合，以免破壞蛋白霜裡面的氣泡。在這一個步驟攪拌過度的話，吃起來口感會粗粗的。

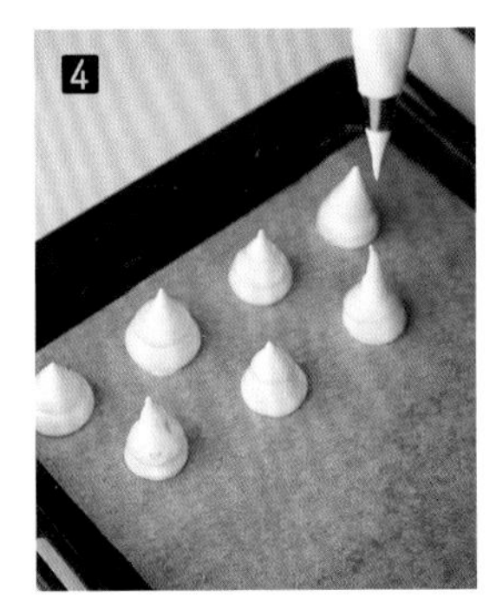

擠出直徑2～3cm的蛋白霜之後，手放鬆，就這樣直直地往上拉。

馬林糖變化版

椰子馬林糖

烤得香噴噴的椰子絲吃起來沙沙的，
後續加入的細砂糖會讓口感更脆。

100℃ 140～150分鐘

材料（約3cm大 30～35個份）

蛋白 … 40g
細砂糖 … 30g
A 細砂糖 … 30g
　玉米澱粉 … 1小匙
椰子絲 … 15g
香草精 … 1～2滴
椰子絲（裝飾用）… 適量

前置準備

- 準備隔水加熱用的熱水。
- 將擠花袋裝上圓形花嘴（10mm），袋內的花嘴根部先用夾子夾起來。

作法

1. 將蛋白、細砂糖加入盆中，盆底以熱水加溫，一邊加熱一邊用打蛋器攪拌，使溫度上升至55～60℃。停止隔水加熱，用手持電動打蛋器以高速攪拌3分鐘。待蛋白霜變成濃密的泡沫狀時再切換成低速，繼續攪拌2分鐘，使質地變滑順。
2. 將A混合，以較粗的篩網篩入盆中，用切拌的方式攪拌混合至沒有粉粒感。加入椰子絲及香草精，快速地攪拌混合。
3. 將蛋白霜填入擠花袋中，取下夾子，在鋪了烘焙紙的烤盤上擠出2～3cm大的蛋白霜。撒上椰子絲，放進預熱至100℃的烤箱中烘烤140～150分鐘，烤好之後連同烤盤一起放在冷卻架上放涼。

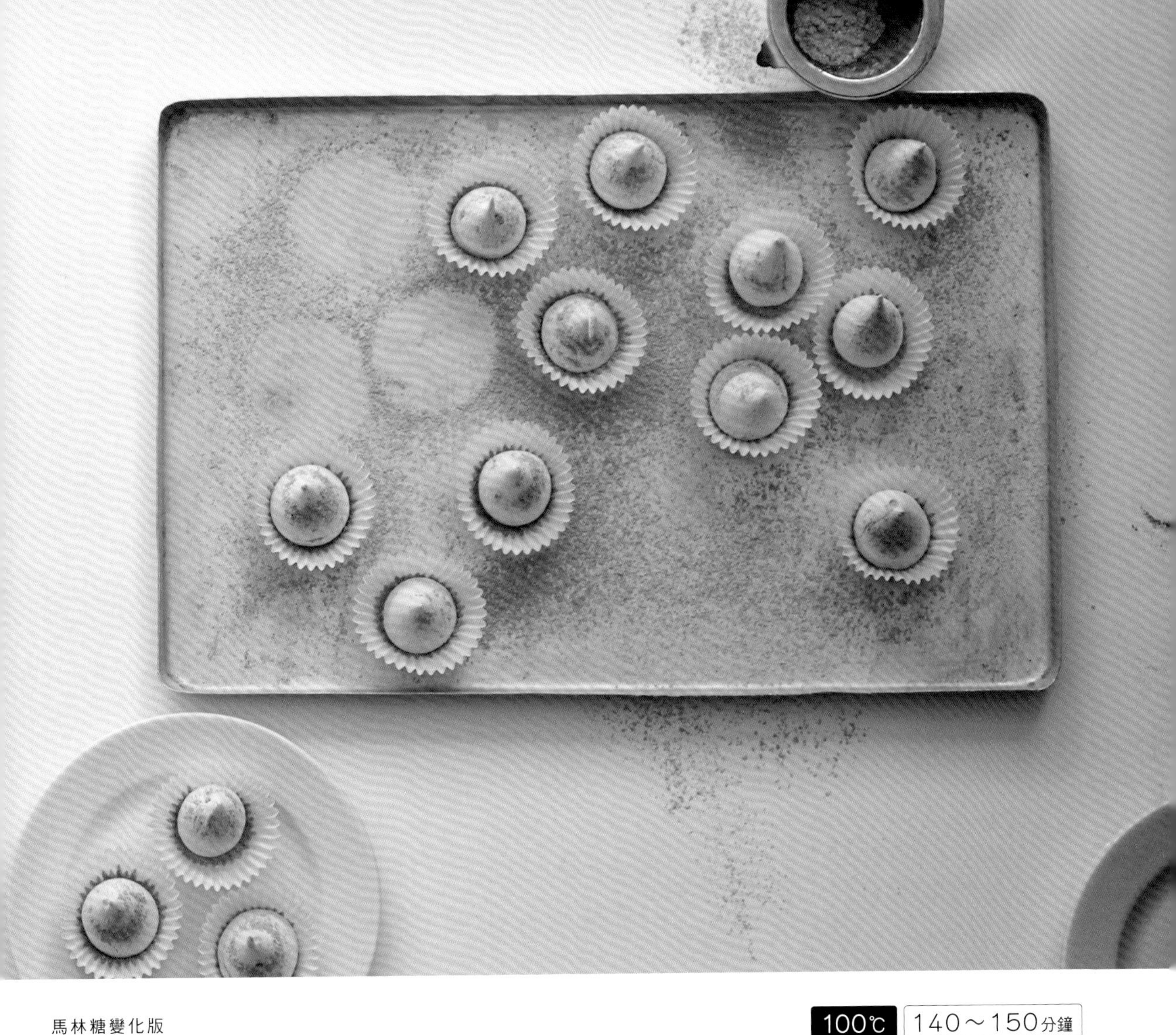

馬林糖變化版

草莓馬林糖

在基本的香草風味馬林糖上，
撒上水果粉作為可愛的點綴。

100℃ 140～150分鐘

材料（約3cm大 30～35個份）

蛋白 … 40g
細砂糖 … 30g
A 糖粉 … 30g
　玉米澱粉 … 1小匙
香草精 … 1～2滴
草莓粉 … 適量
糖粉 … 適量

前置準備

- 準備隔水加熱用的熱水。
- 將擠花袋裝上圓形花嘴（10mm），袋內的花嘴根部先用夾子夾起來。
- 以1：1的比例混合草莓粉及糖粉。

作法

1. 將蛋白、細砂糖加入盆中，盆底以熱水加溫，一邊加熱一邊用打蛋器攪拌，使溫度上升至55～60℃。停止隔水加熱，用手持電動打蛋器以高速攪拌3分鐘。待蛋白霜變成濃密的泡沫狀時再切換成低速，繼續攪拌2分鐘，使質地變滑順。
2. 將**A**混合篩入盆中，用切拌的方式攪拌混合至沒有粉粒感。加入香草精，快速地攪拌混合。
3. 將蛋白霜填入擠花袋中，取下夾子，在鋪了烘焙紙的烤盤上擠出2～3cm大的蛋白霜。放進預熱至100℃的烤箱中烘烤140～150分鐘，烤好之後連同烤盤一起放在冷卻架上放涼。以茶篩篩上混合好的草莓粉及糖粉。

Wrapping

包裝靈感

自家烘焙的餅乾最適合用來當作小禮物。雖然簡單，但是很有心。這裡介紹一些包裝的靈感，記起來後，就可以輕鬆盛裝這些美味囉！

b

c

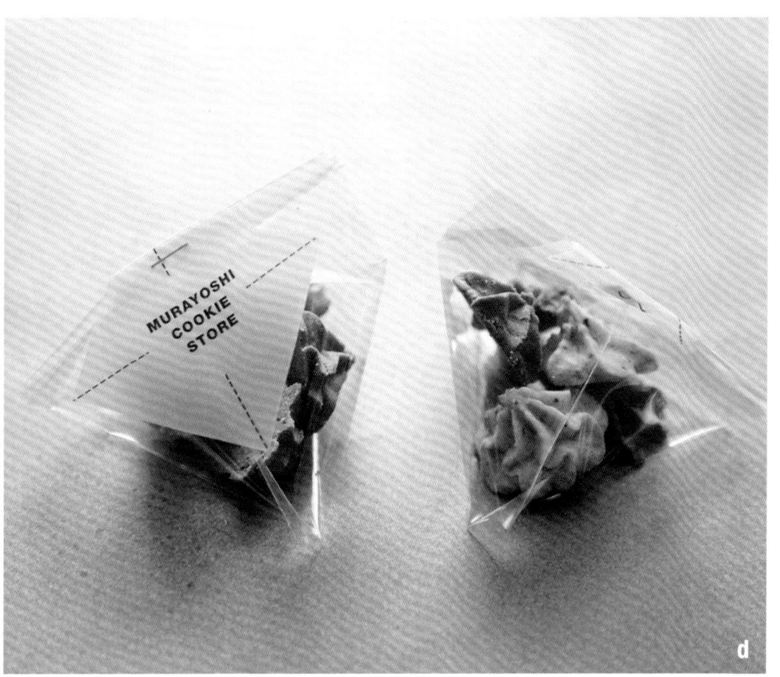

d

a. 裝進盒子

裝在盒中時，可能會因為在裡面移動而碎裂，所以包裝時要思考一下尺寸，盡量不要有空隙。鋪上蕾絲紙巾，餅乾也比較不容易移動。如果是個小禮物的話，推薦烘焙材料行就買得到的巧克力盒紙板。

b. 利用空瓶

可以密封的瓶罐最適合拿來裝須避免受潮的餅乾。尋找和餅乾尺寸相符的瓶罐，將餅乾疊在瓶中。填裝時一樣盡可能地塞滿，才不會要吃的時候已經受潮、破裂。放入乾燥劑也可以延長賞味期限。

c. 用紙包裝

用薄薄的包裝紙像糖果一樣包起來也相當不錯。先將餅乾用紙捲起來，接著將兩側扭緊就可以了，非常簡單。使用同色系或對比色等不同顏色的包裝紙，交疊在一起會很可愛。在意油漬的話，內層使用蠟紙或玻璃紙會比較安心。

d. 三角錐包裝

無論是哪一種形狀的餅乾，都能將美味收在立體的三角錐裡。先將餅乾放在信封或玻璃紙袋中，將袋口左右兩端合在一起，再摺收起來，用膠帶或釘書機固定就可以了。把小卡片一起固定在包裝上，會成為更令人開心的禮物。

基本材料

粉類

餅乾麵團的基底是**低筋麵粉**。本書中使用的是「kuchen」（註），不過，用一般超市買到的麵粉也OK。在低筋麵粉中加入**高筋麵粉**、**杏仁粉**、**泡打粉**等，可以變化餅乾的口感及風味。要讓粉類呈現鬆粉狀，或是將所有粉類拌勻的時候，請一定要過篩再加入。使用冰過的奶油製作麵團時，粉類也要先冷藏15分鐘左右。低筋麵粉也可以當作手粉使用。

砂糖

書中使用的主要是甜味清爽的**細砂糖**，以及容易融合於麵團中的**糖粉**。加糖當然是想要增添甜味，不過除此之外，糖類也可以增添美味的色澤、變化口感。除了上述的兩種糖之外，也會使用**二砂**、**和三盆糖**、**蜂蜜**來增添風味。

蛋、牛奶

想要增加麵團的水分來調整硬度，會使用**蛋**及**牛奶**。使用軟化的奶油製作麵團時，蛋也要先回復至室溫。而**優格**除了增加水分之外，還能使餅乾口感帶點彈性。本書中使用的是M尺寸的蛋（去殼50g）。

油脂

決定餅乾風味和口感的關鍵在於油脂。**奶油**使用的是無鹽奶油。根據不同的餅乾，會使用軟化奶油，或是切丁的冷藏奶油（參照P7）。植物油餅乾（P40）使用的油品為氣味不重的**玄米油**。此外，像**太白胡麻油**、**沙拉油**等風味、香氣都不明顯的油類也可以使用。

編按：這邊的kuchen，指的是日本的低筋麵粉品牌「北海道產低筋麵粉 kuchen」。其特徵為蛋白質及礦物質含量都較高。

基本道具

秤重

做點心時，正確計量是很重要的。秤重時請使用電子**磅秤**，正確地測量。可以測量到1g單位的磅秤比較方便。

過篩

過濾粉類和糖粉時，有個**粉篩**會方便很多。在篩杏仁粉等顆粒較大的材料時，可以用**網目較粗的粉篩**。

攪拌

攪拌時是使用直徑22cm的**攪拌盆**。製作糖霜或是蛋液的攪拌盆為直徑15cm。有這2種尺寸的攪拌盆就可以了。根據麵團質地和攪拌的材料，會有**打蛋器**、**橡皮刮刀**、**刮板**等工具，也要記得備齊。

延展

延展麵團的時候使用的是**擀麵棍**。使用時要用兩手，從麵團中心向外側滾動。建議的長度為30cm左右。用**烘焙紙**夾住麵團再擀，才不會沾黏，可以流暢地作業。想要擀成均等的厚度，有**輔助尺**會方便許多。使用時是將兩把尺放在麵團的兩側，同時滾動擀麵棍。市面上販售的有3mm、5mm、1cm等壓克力材質的尺，兩把一組。沒有輔助尺的話，也可以用竹筷綁成相同高度替代。

烘烤、冷卻

烘烤時在烤盤上鋪上**烘焙紙**，可以防止麵團沾黏（直接沿用擀麵時使用的紙也OK）。剛從烤箱中取出的餅乾非常容易碎裂，所以要連同烤盤一起取出，放在**冷卻架**上，等待餅乾冷卻變硬。

ムラヨシマサユキ

料理研究家。從糕點學校畢業後，曾經任職於甜點店、餐廳，進而成立了烘焙教室。鑽研的範圍包括傳統的海外點心、人氣食譜，甚至是便利商店的甜點，經常對雜誌、書籍、電視等各領域進行食譜提案，且有活躍的表現。無論是初階的入門食譜，或是進階且講究的食譜，都能做得很好吃，因此累積了一定程度的人氣。著有《日日做甜點：50種居家系甜點食譜，分享甜點好吃的祕密＋不會失敗的祕訣。》（楓葉社文化）、《お菓子はさらにおいしく作れます！》（主婦與生活社）、《ムラヨシマサユキのシフォンケーキ研究室》（Graphic-sha）等多部作品。

Staff

攝影　木村 拓（東京料理寫真）
造型　西﨑彌沙
設計　高橋朱里　菅谷真理子（marusankaku-design）
料理助手　鈴木萌夏
攝影協助　UTUWA
編輯協助　久保木 薫

MURAYOSHI MASAYUKI NO COOKIE TSUKURITAI, OKURITAI RECIPE71 by Masayuki Murayoshi
Copyright © 2020 Masayuki Murayoshi
All rights reserved.
Original Japanese edition published by SEITO-SHA Co., Ltd., Tokyo.

This Traditional Chinese language edition is published by arrangement with SEITO-SHA Co., Ltd., Tokyo in care of Tuttle-Mori Agency, Inc.

團購爆款手工餅乾烘焙課

頂流甜點師教你用6種麵團變化出71款精品級餅乾！

2021年 6 月 1 日初版第一刷發行
2023年 7 月15日初版第三刷發行

著　　者　ムラヨシマサユキ
譯　　者　徐瑜芳
編　　輯　陳映潔、魏紫庭
美術設計　黃瀞瑢
發 行 人　若森稔雄
發 行 所　台灣東販股份有限公司
＜地址＞台北市南京東路4段130號2F-1
＜電話＞（02）2577-8878
＜傳真＞（02）2577-8896
＜網址＞www.tohan.com.tw
郵撥帳號　1405049-4
法律顧問　蕭雄淋律師
總 經 銷　聯合發行股份有限公司
＜電話＞（02）2917-8022

著作權所有，禁止翻印轉載。
購買本書者，如遇缺頁或裝訂錯誤，請寄回更換（海外地區除外）。
Printed in Taiwan.

東販出版

團購爆款手工餅乾烘焙課：頂流甜點師教你用6種麵團變化出71款精品級餅乾!/ムラヨシマサユキ著；徐瑜芳譯. -- 初版. -- 臺北市：臺灣東販股份有限公司, 2021.06
128面；18.9×25.5公分
譯自：ムラヨシマサユキのクッキー 作りたい、贈りたい71レシピ
ISBN 978-626-304-627-6（平裝）

1.點心食譜

427.16　　110006795